Hassen Sabeur

Etude du comportement du béton à hautes températures

Hassen Sabeur

Etude du comportement du béton à hautes températures

Une nouvelle approche thermo-hygro-mécanique couplée pour la modélisation du fluage thermique transitoire

Presses Académiques Francophones

Impressum / Mentions légales
Bibliografische Information der Deutschen Nationalbibliothek: Die Deutsche Nationalbibliothek verzeichnet diese Publikation in der Deutschen Nationalbibliografie; detaillierte bibliografische Daten sind im Internet über http://dnb.d-nb.de abrufbar.

Information bibliographique publiée par la Deutsche Nationalbibliothek: La Deutsche Nationalbibliothek inscrit cette publication à la Deutsche Nationalbibliografie; des données bibliographiques détaillées sont disponibles sur internet à l'adresse http://dnb.d-nb.de.

Coverbild / Photo de couverture: www.ingimage.com

Verlag / Editeur:
Presses Académiques Francophones
ist ein Imprint der / est une marque déposée de
AV Akademikerverlag GmbH & Co. KG
Heinrich-Böcking-Str. 6-8, 66121 Saarbrücken, Deutschland / Allemagne
Email: info@presses-academiques.com

Herstellung: siehe letzte Seite /
Impression: voir la dernière page
ISBN: 978-3-8416-2215-0

UNIVERSITE DE MARNE LA VALLEE
INSTITUT FRANCILIEN DES SCIENCES APPLIQUEES

N° attribué par la bibliothèque

|_|_|_|_|_|_|_|_|_|_|

ANNEE 2006

THESE

pour obtenir le grade de

DOCTEUR DE L'UNIVERSITE DE MARNE LA VALLEE

Discipline : Génie Civil

Présentée et soutenue publiquement
par

SABEUR HASSEN

le 06/11/2006

TITRE :

ETUDE DU COMPORTEMENT DU BETON A HAUTES TEMPERATURES

UNE NOUVELLE APPROCHE THERMO-HYGRO-MECANIQUE COUPLEE POUR LA MODELISATION DU FLUAGE THERMIQUE TRANSITOIRE

JURY

LA BORDERIE Christian	*Rapporteur*
SKOCZYLAS Frédéric	*Rapporteur*
ACKER Paul	*Examinateur*
TORRENTI Jean-Michel	*Examinateur*
MEFTAH Fékri	*Examinateur*
SCHREFLER Bernard	*Président de jury*
MEBARKI Ahmed	*Directeur de thèse*
COLINA Horacio	*Co-Directeur de thèse*
FORAY-THEVENIN Géneviève	*Invité*
PIMIENTA Pierre	*Invité*

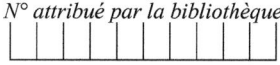

Je dédie ce mémoire à mon fils,
à ma tendre épouse Malek qui a été toujours à mes côtés,
à celle qui m'a donnée la vie, à ma mère Mansoura,
à celui qui m'a toujours protégé, à mon père Mohamed,
à ceux que j'adore mon frère Mehdi et mes deux sœurs Mouna et Hanen,
à ma belle famille chère au cœur : Machhour, Mariam, Ali et Alia.

REMERCIMENTS

Ce travail de thèse a été effectué, au Laboratoire de Mécanique (LAM) de l'Université de Marne-La-Vallée sous la direction de Monsieur Ahmed MEBARKI, Professeur à l'Université de Marne-La-Vallée, et de Monsieur Fékri MEFTAH, Maître de Conférences à l'Université de Marne-La-Vallée en collaboration avec le Laboratoire d'Analyse des Matériaux et Idendification (LAMI) de l'Ecole Nationale des Ponts et Chaussées (ENPC) sous la co-direction de Monsieur Horacio COLINA, actuellement Directeur Délégué au Développement Technique à l' ATILH (Association Technique de l'Industrie des Liants Hydrauliques). Je tiens sincèrement à leur exprimer toute ma reconnaissance pour leurs conseils avisés et leurs disponibilités tout au long de ce travail.

Mes remerciements sincères à Monsieur Bernard SCHREFLER, Professeur au département de structure et Ingénierie de Transport de l'Université de Padoue, pour m'avoir fait l'honneur de présider le jury de ma soutenance.

Je remercie Monsieur Christian LA BORDERIE, Professeur à l'Université de Pau et des Pays de l'Adour et directeur du Laboratoire des Sciences Appliquées au Génie Civil et au Génie Côtier LaSAGeC^2 et Monsieur Frédéric SKOCZYLAS, Professeur à l'Ecole Centrale de Lille d'avoir accepté d'être mes deux rapporteurs. Je remercie également Monsieur Paul ACKER, Directeur du Pôle Matériaux et Structure du Groupe Lafarge, Monsieur Jean-Michel TORRENTI, Professeur Associé à l'Ecole Normal Supérieure de Cachan, pour avoir examiné ce travail. Je remercie aussi Monsieur Pierre PIMIENTA Docteur-ingénieur et Chef adjoint de la division Etude et essais mécaniques au CSTB et Madame Géneviève FORAY-THEVENIN, Maître de Conférence au Groupe d'Études de Métallurgie Physique et de Physique des Matériaux (GEMPPM) à l'INSA de Lyon d'avoir accepté d'être les invités de ma soutenance.

Je tiens également à remercier toutes les personnes des deux laboratoires, qui par leurs conseils et les échanges que nous avons eu, ont contribué à faire avancer ce travail et un grand merci à Monsieur Alain EHRLACHER, Professeur à l'Ecole Nationale des Ponts et Chaussées, d'avoir co-dirigé la thèse pendant les deux premières années.

Je suis enfin très reconnaissant envers ma famille, en particulier mes parents, et envers ma femme, pour le soutien qu'ils m'ont apporté durant toute la durée de ce travail.

RESUME

La connaissance du comportement du béton soumis à de hautes températures constitue un enjeu de grand intérêt pour les applications du génie nucléaire et pour l'évaluation de la sécurité dans des constructions de génie civil. En outre, les incendies récents dans les tunnels européens (sous la Manche, Le Mont-Blanc, Great Belt Link, Tauern), ayant entraîné des dommages aux structures en béton ainsi que des pertes humaines et économiques très importantes, ont suscité un nouvel intérêt pour l'évaluation de la performance du béton dans les conditions accidentelles. En effet, les hautes températures entraînent une dégradation des propriétés mécaniques (rigidité, résistance...) du fait de processus de fissuration générés par l'effet simultané des efforts appliqués, de la température et de pressions de pores. Tous ces processus nécessitent une modélisation couplée des phénomènes physico-chimiques dont le matériau est le siège ainsi que leurs interactions avec les propriétés de transport de masses, de transfert de chaleur et du comportement mécanique.

En outre, quand le béton est soumis à l'action combinée du chargement et de hautes températures, sa déformation se décompose, conventionnellement, en deux classes de composantes additives. On distingue :

- des déformations thermo-hydriques libres incluant l'expansion thermique et le retrait du béton. Le retrait est essentiellement dû à la dessiccation du matériau et à sa déshydratation.
- des déformations thermiques sous charge qui consistent en une composante élastique dépendante de la température, une déformation de fissuration et une composante de fluage thermique transitoire. Cette dernière est généralement liée au fait que les transformations physico-chimiques, comme la déshydratation et la dessiccation, se produisent sous charge, ce qui induit un réarrangement de la microstructure du béton et donne lieu à cette déformation macroscopique.

Dans ce travail de thèse, une nouvelle approche pour la modélisation de la composante transitoire de la déformation thermique induite sous charge est proposée afin de prédire le comportement du béton à hautes températures. Dans cette approche, le fluage thermique transitoire est décomposé en fluage de dessiccation et en une composante, nouvellement introduite, de fluage de déshydratation. La première composante est due à l'évolution de l'hygrométrie du matériau tandis que la deuxième est due à sa déshydratation du fait de l'augmentation de la température. Par conséquent, une variable de déshydratation est définie et est introduite comme une variable régissant le fluage thermique transitoire lorsque la température dépasse la valeur seuil de 105°C.

Ce modèle thermo–hydro–endommageable est implémenté dans un code aux éléments finis. Des simulations numériques sont effectuées et comparées à des résultats expérimentaux pour analyser les capacités prédictives du modèle proposé.

ABSTRACT

The knowledge of concrete structures under high temperatures is of great interest in nuclear engineering applications and in safety evaluation against fire in civil constructions. Furthermore, increasing recurrence of tunnel fires in Europe (Channel, Mont-Blanc, Great Belt Link, Tauern) resulting in damage of concrete causing heavy economical and human losses, have leaded to a renewed interest in the behaviour of concrete at accidental conditions of temperature. In fact, when concrete is exposed to high temperatures, this leads to an evaporation of the free water, a pore pressure built up and a heat and mass transfer into the concrete structure which cause an incompatibility between the expanding aggregates and the shrinkage cement past. This incompatibility leads to the material degradation and microcracking. These entire phenomena will influence the thermal, hygral and mechanical material proprieties of the concrete. Therefore, the need to design durable concrete structures requires a robust modeling of all the processes involved in the deformation and degradation mechanisms of the material and it becomes essential to consider their coupling.

When concrete is under the effect of combined mechanical loads and high temperature distributions, it exhibits strains which are conventionally split to a set of additive components:

- Stress-free components, referred to thermo-hygral strains, which include thermal expansion and hygral shrinkage due to both drying and dehydration.
- Stress induced thermal strains which mainly consist in a temperature dependent elastic strain, a micro-cracking strain and an additional component, commonly referred to as transient creep. This additional component is generally related to the fact that physical transformations, such as drying and dehydration, are occurring under sustained stress fields, which lead to a rearrangement of the evolutionary microstructure and give rise to this macroscopically measured strain.

In this study, a new approach for modeling the transient component of the induced thermal deformation under load is proposed in order to predict the concrete behavior when subjected to high temperatures with a concomitant applied load. This component is conventionally referred to as transient creep strain. In this approach, the transient creep strain is split in to a drying creep component and a newly introduced dehydration creep strain. The former is related to the evolution of the hygrometric state of the material, while the later is related to the material dehydration which results from the heating induced chemical transformations. Therefore, a dehydration variable is defined and then introduced as a driving variable of the transient creep for temperatures exceeding 105 °C. This thermo-hydro-damage model is implemented using a finite element code and numerical simulation are performed and compared to experimental results in order to assess the predictive ability of the proposed model.

TABLE DES MATIERES

INTRODUCTION GENERALE

Le béton est un matériau de construction qui trouve son champ d'utilisation dans pratiquement tous les domaines de l'ingénierie civile. Ceci inclut les bâtiments, les tunnels, les plates formes pétrolières, les centrales nucléaires et plusieurs autres structures qui peuvent être exposées à de hautes températures ou au feu. L'étude de l'effet de hautes températures sur le béton ou les structures en béton a commencé à partir des années 1920. Cependant, à partir de la moitié des années 1990, un nouvel intérêt à l'évaluation de la performance du béton lorsqu'il est soumis à des températures extrêmes est conduit, en particulier, après les incendies dans les différents tunnels européens (Channel, Mont-Blanc, Great Belt Link, Tauern). Dans ces accidents, les tunnels ont présenté un endommagement très important (éclatement) au niveau des structures en béton du tunnel causant des pertes humaines et économiques très importantes. Ceci a mis en évidence le besoin de recourir à l'élaboration d'outils plus robustes et mieux prédictifs du comportement du béton sous de conditions extrêmes.

En effet, ce matériau est, probablement, de tous les matériaux du génie civil, le plus complexe à étudier pour rendre compte des interactions entre propriétés physico-chimiques et mécaniques. Cette complexité est encore plus accrue sous hautes températures.

Le béton est un milieu poreux partiellement saturé en eau. Quand le béton est exposé à de hautes températures, des transferts de chaleur et des transports de masses fluides ont lieu dans le matériau, ce qui cause des expansions thermiques et le développement de pressions de pores. En outre, la microstructure du béton est soumise à des modifications physico-chimiques qui influencent fortement son comportement, induisant une détérioration de ses propriétés mécaniques (résistance et rigidité). L'effet combiné du développement et l'augmentation des pressions de pores, des déformations thermiques empêchées, du chargement appliqué et de la dégradation des propriétés mécaniques du béton peut causer, dans ces conditions sévères, l'éclatement du béton.

Ainsi, la caractérisation des interactions entre tous ces phénomènes en vue de la prise en compte de leurs couplages présente un challenge pour les chercheurs dans le domaine de l'expérimental et de la modélisation. Ce challenge a induit la nécessité d'une nouvelle modélisation qui tient compte de tous ces processus et plus particulièrement de leurs couplages.

En outre, quand le béton est soumis à l'action combinée du chargement et de hautes températures, sa déformation se décompose, conventionnellement, en deux classes de composantes additives. On distingue :

- des déformations thermo-hydriques libres incluant l'expansion thermique et le retrait du béton. Le retrait est essentiellement dû à la dessiccation du matériau et à sa déshydratation.
- des déformations thermiques sous charge qui consistent en une composante élastique dépendante de la température, une déformation de fissuration et une composante de fluage thermique transitoire. Cette dernière est généralement liée au fait que les transformations physico-chimiques, comme la déshydratation et la dessiccation, se produisent sous charge, ce qui induit un réarrangement de la microstructure du béton et donne lieu à cette déformation macroscopique.

Le but de ce travail de thèse est de proposer un modèle thermo-hydro-mécanique couplé pour la modélisation du fluage thermique transitoire pour des températures et des taux de chargement ne dépassant pas, respectivement, 400°C et 40% de la résistance à la compression. Bien évidemment, ce modèle numérique englobe le couplage entre le transport de masses (gaz et liquide) et le transfert de chaleur ainsi que leurs effets sur le comportement mécanique (dégradation des propriétés mécaniques du béton).

Une prédiction appropriée de ce modèle couplé exige la connaissance de l'évolution de la microstructure et des différentes propriétés du matériau béton (conductivité, chaleur spécifique, perméabilité, diffusivité, module élastique, résistance à la compression...) qui gouvernent son comportement thermo-hydro-mécanique. Ceci est l'objectif de la première partie de ce travail qui comporte une étude bibliographique sur l'évolution de ces propriétés de point de vue expérimental et de la modélisation. Une étude comparative entre deux approches de modélisation Thermo-Hydro-chimique (THC) est alors menée.

Le développement du modèle THCM, que nous proposons, est présenté dans le deuxième chapitre. Ce modèle intègre les différents phénomènes couplés qui se produisent dans le milieu poreux. Il est élaboré à partir de l'introduction des équations de conservations de masses, d'énergie et d'équilibre mécanique. Dans ces équations, régissant le transport de masses et le transfert de chaleur, les lois de Fourier, de Darcy et de Fick permettent de relier les flux de chaleur et de masses des différentes phases. En ce qui concerne la mécanique, le modèle a été établi dans le cadre de la théorie de l'endommagement couplé à la plasticité adoucissante pour la description du comportement non linéaire du béton sous chargements thermo-hygro-mécanique. Pour le fluage thermique transitoire, nous proposons une nouvelle modélisation où cette déformation est décomposée en fluage de dessiccation et en une composante originalement introduite de fluage de déshydratation. Une variable de déshydratation a été définie afin de contrôler le fluage de déshydratation pour des températures inférieures à 400°C et des taux de contraintes inférieurs à 40% de la résistance à la compression. Le modèle proposé est implémenté dans le code de calcul aux éléments finis CAST3M.

Afin d'identifier les paramètres de la loi régissant le fluage thermique transitoire, une campagne expérimentale est réalisée. Cette campagne comporte deux parties principales. En effet, dans la première partie, des essais de déformations thermiques libres et de déformations totales sur des éprouvettes de béton à hautes performances (BHP) ont été réalisés. Ces essais ont permis de donner une évolution de la déformation de fluage thermique en fonction du temps et de la température.
Dans la deuxième partie de cette campagne expérimentale, des essais de perte de masse sur de la pâte de ciment avec un même type de béton ont été réalisés. Une variable de déshydratation est définie à partir de ces essais afin de décrire les transformations chimiques qui se produisent au sein de la pâte de ciment au cours d'une élévation de température. C'est cette variable qui contrôle le fluage de déshydratation.

Les évolutions de la déshydratation et celle du fluage thermique transitoire ainsi obtenues sont utilisées dans la première partie du quatrième chapitre afin d'identifier les paramètres du fluage de dessiccation et de déshydratation. La deuxième partie de ce chapitre est alors consacrée à vérifier la capacité du modèle à reproduire le comportement du béton chargé soumis à de hautes températures pour différentes formulations de bétons et différentes conditions d'essai.

CHAPITRE I ETUDE BIBLIOGRAPHIQUE

I-1 MICROSTRUCTURE DU BETON

I-1.1 Introduction

La microstructure de la pâte de ciment durcie est constituée d'un solide poreux et de phases liquides et gazeuses présentes dans les pores. Elle est constituée de différents composés chimiques, qui réagissent avec l'eau pour former des hydrates tel que le gel de C-S-H (silicate de calcium hydraté), l'ettringite, la portlandite de $Ca(OH)_2$ (ou hydroxyde de calcium). Elle est composée aussi de pores à différentes échelles, connectés ou non, contenant de l'eau et de l'air. Pour un ciment donné, les quantités de C-S-H et de $Ca(OH)_2$ formées dépendent essentiellement du rapport e/c et du temps de réaction. En moyenne, une pâte de ciment durcie ordinaire contient 50-70% de CSH et 25-27% de $Ca(OH)_2$. Dans le cas des pâtes de ciment à haute performance, la quantité de phase CSH est encore plus importante, ce qui induit une augmentation de la résistance. En effet, la portlandite, vue du côté de la résistance mécanique, a des cristaux de taille importante susceptibles de limiter la résistance en compression du béton. Dans les BHP, afin d'éliminer partiellement la portlandite, la fumée de silice est ajoutée avec une proportion de 10 % de la quantité de ciment. La fumée de silice, du fait de la taille de ses grains, inférieure à celle de grains de ciment, augmente également la compacité de la matrice. De plus, par sa réaction pouzzolanique, elle consomme de la portlandite et forme le gel CSH. Ceci permet ainsi d'augmenter les performances du béton (résistance, durabilité...).

I-1.2 L'eau dans la pâte de ciment

L'eau est un élément essentiel dans la pâte de ciment. Elle lui confère, en effet, ses propriétés de maniabilité et de résistance mécanique. Mais elle est responsable aussi de ses principaux défauts (augmentation de la porosité et diminution de la résistance mécanique, présence d'agents agressifs, retrait et fluage). Cette eau est généralement classifiée selon la nature de sa liaison avec la pâte de ciment. Elle existe sous plusieurs formes dans le béton (Regourd, 1982; Guénot-Delahaie, 1997)

- L'eau libre : elle n'est pas soumise aux forces d'attraction des surfaces solides. Elle se trouve principalement dans les pores capillaires de dimension supérieure à 10 μm.
- L'eau adsorbée : l'existence de liaisons libres en surface entraîne la création d'une tension superficielle du solide et d'un effet de champ électrique. L'adsorption est le phénomène qui, par fixation de molécules ou d'ions du milieu extérieur, liquide ou gazeux, tend à réduire cette énergie libre superficielle. Suivant l'importance des énergies mises en jeu, on distingue l'adsorption physique et la chimisorption :
  - L'adsorption physique met en jeu des énergies de type Van der Waals de faible intensité (énergie de l'ordre d'une dizaine de $kJ \cdot mol^{-1}$). Elle se traduit par une condensation instantanée d'atomes, de molécules ou d'ions à la surface du solide.
  - La chimiosorption correspond à la formation d'une liaison chimique entre les atomes de la surface du solide et les molécules de l'adsorbat. L'énergie mise en jeu est plus importante que dans la physisorption car la structure de la molécule est modifiée.
- L'eau chimiquement liée, consommée au cours des réactions d'hydratation du ciment est associée à chaque type d'hydrate.

➢ L'eau capillaire est constituée de la phase condensée remplissant par condensation capillaire le volume poreux au-delà de la couche adsorbée (elle obéit aux lois de la capillarité) dans les pores de dimensions < 10 μm.

I-1.3 Structure et morphologie du gel de C-S-H

Le C-S-H est l'hydrate principal du ciment. Il est responsable de la structuration de la pâte de ciment durcie. Il présente une grande surface spécifique et une porosité d'environ 28%. Il est composé de particules solides dont la composition est de la forme $(CaO)_x(SiO2)$ $(H2O)_y$ où les valeurs de x et de y dépendent de la teneur en calcium et en silicates dans la phase aqueuse. Etant donné que ces composés sont gorgés d'eau et qu'ils sont mal cristallisés, la phase C-S-H est souvent appelée gel (Baroghel, 1994). D'un point de vue morphologique, le gel C-S-H serait formé de particules fines (100 à 200 Å de diamètre) de grande surface interne. Une particule élémentaire de C-S-H serait une cristallite de forme lamellaire, la lamelle étant elle-même composée de deux ou trois feuillets très minces. Il est très difficile de connaître la structure exacte du gel C-S-H dans la pâte de ciment. Il n'y a pas vraiment de consensus au sujet de cette structure. De nombreux modèles existent dans la littérature pour décrire sa structure et sa morphologie (Powers et Brownyard, 1948; Wittman, 1976; Daimon et al., 1977 et Taylor, 1986). Sur la Figure I-1, on représente en (a) une photo prise du gel de C-S-H par microscope électronique montrant deux types morphologiques : une structure dense et amorphe zoomée en (b) et une structure sous formes de feuillets très minces représenté par le modèle de Feldman et Sereda (1968) en (c).

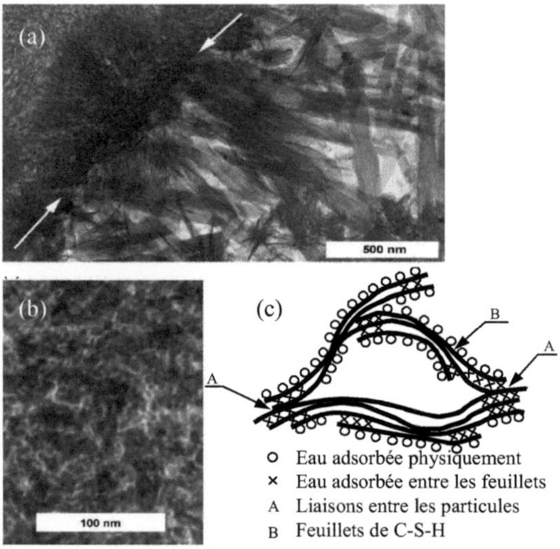

Figure I-1. (a) Morphologie du gel C-S-H montrant (b) une structure dense et amorphe (Richarson, 2004) et (c) feuillets très minces (Modèle de FELDMAN et SEREDA, revu par SIERRA (SIERRA, 1982))

I-1.4 La portlandite

La portlandite est la seule phase solide dans la pâte de ciment qui est présentée sous une forme relativement pure. Elle cristallise en plaquettes hexagonales, parfois massives et empilées entre les grains de ciment partiellement hydratés. Etant donné la grande taille des cristaux, la portlandite a une faible surface spécifique et les forces de liaisons avec ces cristaux sont faibles. Ces cristaux se trouvent en forte concentration sous forme de couches dans l'auréole de transition (interface entre la pâte de ciment et les granulats) ou en bordure des bulles d'air. Par ailleurs, si elle ne trouve pas assez d'espace pour cristalliser, la portlandite peut aussi se trouver à l'état amorphe (Ruiz, 2003).

I-1.5 Les pores dans la pâte de ciment

La pâte de ciment présente une porosité à différentes échelles d'observation. Sa caractérisation expérimentale nécessite l'emploi de différentes techniques d'investigation selon l'échelle désirée (Hager, 2004). Ces techniques permettent, en s'appuyant sur des modèles géométriques, de donner un ordre de grandeur de la taille et de la distribution des pores. Le volume poreux contient deux familles de cavités :

- Les pores de la structure du C-S-H dont la taille est de quelques nanomètres. Ce type de porosité est intrinsèque aux hydrates et représente 28% du volume total.
- Les pores capillaires entre les hydrates, les bulles d'air et les fissures dont la taille est de quelques centaines de nanomètres à quelques mm). L'importance de la porosité capillaire dépend du rapport eau/ciment. Les propriétés mécaniques sont directement reliées à la porosité capillaire.

I-2 EFFET DES HAUTES TEMPERATURES SUR LA MICROSTRUCTURE DU BETON

I-2.1 Principales modifications physico-chimiques du béton

L'augmentation de la température au sein du béton va induire une décomposition chimique du gel CSH et une perte de l'eau libre, adsorbée et chimiquement liée. Ces processus vont engendrer des modifications importantes au niveau de la microstructure de la pâte de ciment (liaisons chimiques, forces de cohésion, porosité et distribution de la taille des pores).

L'étude des résultats d'analyses thermiques différentielles (ATD) et d'analyses thermo gravimétriques (ATG) permet de détecter l'apparition de transformations chimiques se produisant au sein du béton porté à des températures élevées, et de suivre leurs progressions. Plusieurs auteurs ont présenté les résultats de ce type d'analyses réalisées sous diverses conditions (Philleo, 1958 ; Campbell & Desai, 1967; Harmathy ,1973; Schneider, 1982; Noumowé, 1995).

Lors d'une augmentation de la température, les essais ATD permettent de mettre en évidence les réactions suivantes :

- Entre 30°C-105°C : l'eau libre et une partie de l'eau adsorbée s'échappent du béton. L'eau non liée serait complètement éliminée à 120°C (Noumowé, 1995). Par convention, on définit l'eau libre comme la quantité d'eau quittant le matériau à 105°C.
- On considère que les hydrates commencent à se décomposer à partir de 105°C bien que la décomposition de certains hydrates ait commencé avant (Pasquero, 2004). Harmathy (1970) considère que la décomposition des hydrates débute dès que l'eau évaporable a été évacuée et que le processus s'effectue de façon continue de 105°C jusqu'à 1000°C
- Entre 450-550°C : la portlandite se décompose en eau et en chaux libre selon la réaction suivante :

$$Ca(OH)_2 \rightarrow CaO + H_2O$$

- Autour de 570°C se produit la transformation du quartz α en quartz β dans les agrégats quartziques et basaltiques. Cette réaction s'accompagne d'un gonflement (Noumowé, 1995).
- Entre 600°C-700°C : se produit la deuxième étape de la désyhdratation des CSH qui produit une nouvelle forme de silicates bicalciques (Noumowé, 1995; Schneider, 1981). De plus, les études de (Taylor, 1964) montrent que les CSH commencent à fissurer à 600°C-700°C avec la formation de β-C_2S. On a alors une nouvelle phase d'évacuation de l'eau chimiquement liée.
- Entre 700°C-900°C : le carbonate de calcium composant principal des granulats calcaires se décompose suivant la réaction :

$$CaCO_3 \rightarrow CaO + CO_2$$

- A partir de 1300°C s'amorce la fusion des agrégats et de la pâte de ciment.

I-2.2 Processus de déshydratation

Dans ce paragraphe, nous nous intéressons à l'étude du processus de déshydratation. En effet, ce dernier a une grande influence sur les propriétés physiques et mécaniques du béton. La déshydratation devient significative à partir de la température conventionnelle de 105°C pour les CSH et dans l'intervalle [450°C-500°C] pour la portlandite. Ces deux réactions vont induire une perte de masse de la pâte de ciment. Néanmoins, c'est la perte d'eau par décomposition des CSH qui a la plus grande influence sur la perte de la rigidité et de la résistance du béton. Pour calculer cette quantité d'eau libérée par déshydratation, plusieurs expressions sont proposées dans la littérature.

En effet, Bazant & Kalpan (1996) suggèrent que cette quantité d'eau dépend de la quantité d'eau hydratée avant le chauffage m_{hyd} qui dépend elle même du degré d'hydratation du liant hydraulique. Ce dernier dépend de l'âge du béton ainsi que de son histoire en température et en teneur en eau. Le degré d'hydratation est une fonction de la période d'hydratation équivalente t_e (ou maturité ou encore âge équivalent), qui représente le temps nécessaire pour arriver à la maturation dans des conditions normales de température et d'humidité. Bazant & Kalpan (1996) proposent alors la relation suivante :

$$m_{hydr}(t_e) \approx 0.21c\left(\frac{t_e}{\tau_e + t_e}\right)^{1/3} \quad avec\ \tau_e = 23\,jours \qquad (I.1)$$

où c est la masse de ciment par m^3 de béton , τ_e est la période caractéristique et t_e est la période d'hydratation équivalente (Figure I-2)

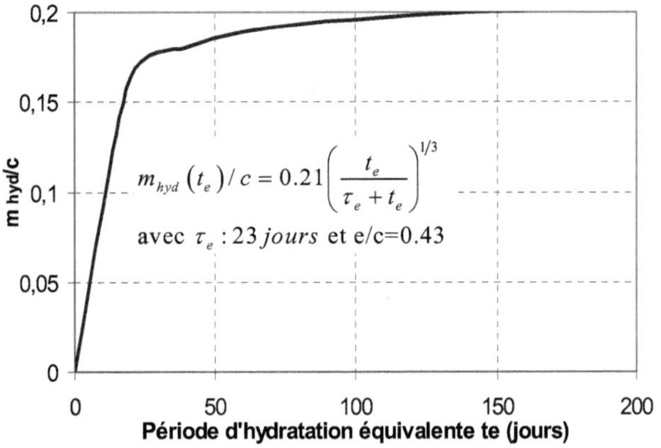

Figure I-2. Représentation de la masse d'eau contenue dans les hydrates m_{hyd} en fonction de la période d'hydratation équivalente t_e (Bazant & Kaplan, 1996)

On peut montrer expérimentalement (Harmathy & Allen, 1966) que la masse d'eau libérée par déshydratation par unité de volume $m_{dehy}(T)$ à une température donnée, est proportionnelle à la masse d'eau contenue dans les hydrates à la température de 105°C $m_{hyd}^{105°C}$. Ainsi:

$$m_{dehy}(T) = m_{hydr}^{105°C} f(T) \tag{I.2}$$

où $f(T)$ est une fonction de la température qui peut être déterminée sur la base de nombreux essais. On peut, en première approximation, considérer que la masse d'hydrates à 105°C est égale à la masse d'hydrates à 20°C.

Gawin et al. (2001) ont calculé la quantité d'eau libérée par déshydratation $m_{dehy}(T)$ lors d'une élévation de température. Ils proposent alors la relation suivante :

$$m_{dehy}(T) = c\ f_{age}\ f_{stechio}\ f(T) \tag{I.3}$$

où c est la masse de ciment par m^3 de béton, f_{age} est un facteur qui tient compte de l'age du béton (entre 0 et 1), $f_{stechio}$ est un facteur stoechiométrique et $f(T)$ est une fonction de la déshydratation déterminée expérimentalement et qui est représentée par la Figure I-3.

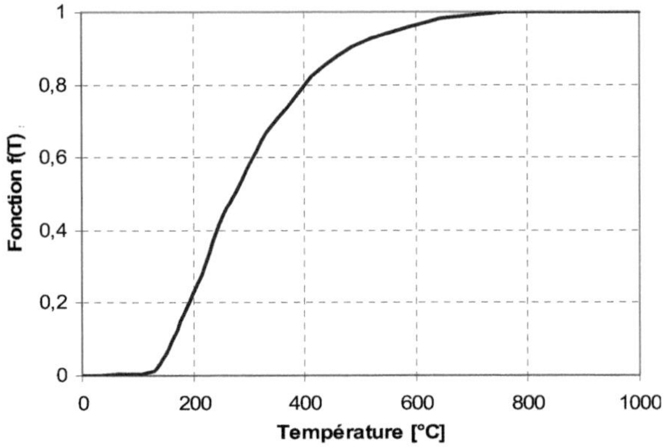

Figure I-3. Fonction normée de déshydratation $f\left(T\right)$ pour un béton ordinaire (Gawin et al., 2001)

Par ailleurs, les travaux expérimentaux de Feraille (2000) sur des pâtes de ciment, ont amené à conclure que le phénomène de déshydratation a besoin d'un certain temps pour se produire, d'où l'existence d'une cinétique chimique. Elle a proposé la relation suivante, qui tient compte de l'évolution asymptotique de la déshydratation $m_{dehy}(T)$:

$$\dot{m}_{dehy} = -\frac{1}{\tau}\left(m_{dehy}(T) - m_{eq}(T)\right) \tag{I.4}$$

où τ est le temps caractéristique et $m_{eq}(T)$ est la masse d'eau à l'équilibre mesurée durant les essais thermo-gravimétriques. Pour les pâtes de ciment de bétons ordinaires, la masse d'eau à l'équilibre $m_{eq}(T)$ est donnée par l'expression suivante :

$$\begin{aligned} m_{eq}(T) = & \frac{7.5}{100} m_{eq}^{105°C}\left[1-\exp\left(-\frac{T-105}{200}\right)\right]\mathcal{H}\left(T-105\right) \\ & + \frac{2}{100} m_{eq}^{105°C}\left[1-\exp\left(-\frac{T-400}{10}\right)\right]\mathcal{H}\left(T-400\right) \\ & + \frac{1.5}{100} m_{eq}^{105°C}\left[1-\exp\left(-\frac{T-540}{5}\right)\right]\mathcal{H}\left(T-540\right) \end{aligned} \tag{I.5}$$

où $\mathcal{H}$ est la fonction de Heaviside et $m_{eq}^{105°C} = c\left(1+0.2 f_{aging}\right)\left(Kg/m^3\right)$.

Pasquero (2004) a réalisé un ensemble d'essais de perte de masse sur des pâtes de ciment de béton ordinaire. La vitesse de montée en température est de 5°C/min. Ces essais sont associés à des paliers de température pendant lesquels la température est maintenue constante. Lors de ces paliers, la perte de masse se poursuit pendant plusieurs heures, indiquant la nécessité de prendre en compte cette cinétique. Le but de ce travail était d'essayer d'exprimer la vitesse de perte de masse $\dot{m}_{dehy}$ en fonction de l'écart par rapport à l'équilibre $m_{dehy} - m_{eq}\left(T\right)$. Pour cela, elle a fait l'hypothèse que la déshydratation concerne plusieurs types d'hydrates. Elle évoque la possibilité de décrire son évolution comme la succession des processus de décomposition de chaque famille d'hydrates. C'est sur cette base qu'elle propose la décomposition de $m_{eq}(T)-m_{dehy}(T)$ sous la forme:

$$m_{eq}(T)-m_{dehy}(T)=\left(\sum_{n} m_{eq}^{n}(T)-m_{dehy}^{n}(0)\right)e^{-\frac{t}{\tau_n}} \tag{I.6}$$

où , pour chaque plage significative de points, intervient la différence entre la valeur de la déshydratation à l'équilibre $m_{eq}^{n}(T)$ et celle de la déshydratation à l'instant initial (début du palier) $m_{dehy}^{n}(0)$ et τ_n est le temps caractéristique de la décroissance de la masse associée à la partie de la courbe étudiée.

Cette approche a dégagé plusieurs temps caractéristiques et il est difficile à partir de ces résultats de proposer une loi générale et simple pour la cinétique chimique.

I-2.3 Evolution de la porosité

Quand le béton est soumis à de hautes températures, les changements physiques et chimiques se produisant au sein des phases solides, engendrent des changements dans la porosité totale et également dans la distribution de tailles des pores.

Un important travail expérimental concernant l'évolution de la porosité a été réalisé par Hager (2004) sur trois types de BHP: M100C, M75SC, M75C et un BO: M30C. Ces formulations sont celles étudiées dans le cadre du présent travail. La technique de porosité au mercure a été utilisée pour identifier la distribution volumique cumulée de rayon de pores (Figure I-4) et celle de la distribution des tailles de pores (Figure I-5). La première figure permet de donner un aperçu général de la porosité totale du béton et de son évolution avec la température. La deuxième permet de donner une distribution des tailles de pores dans le béton. Les pics y traduisent la plus grande population de pores présents dans le béton.

L'analyse de la Figure I-4 montre qu'après avoir été soumis à de hautes températures, le béton présente une augmentation significative (environ quatre fois) de la porosité totale et des dimensions des pores. La déshydratation du gel CSH, les contraintes thermiques et l'incompatibilité entre le retrait de la pâte et la dilatation des granulats sont les causes principales de cette augmentation de porosité.

Une comparaison entre les différents types de béton montre que les trois courbes de distribution volumique cumulée du rayon des pores du béton témoin des trois BHP M75SC, M75C et M100C sont presque identiques. Par contre à 600°C, le BHP M75SC présente une porosité plus importante que les deux autres BHP. Ceci est dû à la différence de granulats entre les trois BHP avec un M75SC possédant des granulats silico-calcaires. En effet, des fissures ont été observées dans la plage de [100, 400 nm] dues probablement aux changements de phases dans les granulats silico-calcaires, accompagnées d'une augmentation de volume de 1 % à 573°C.

En outre, le BO M30C montre une porosité plus importante que celle des trois BHP à 20°C et 600°C. Ceci s'explique par la présence d'une quantité d'eau plus importante dans le BO.

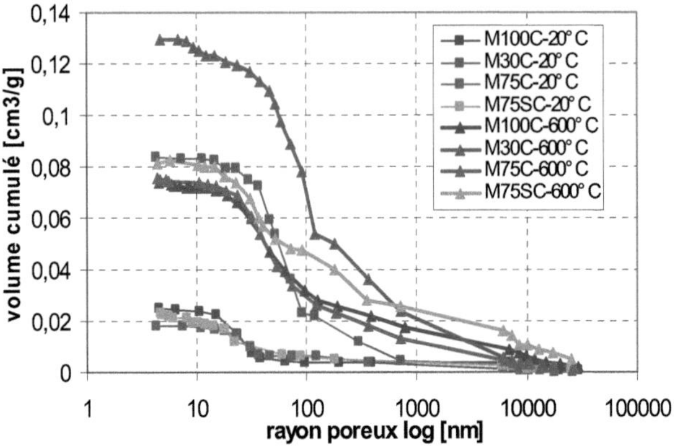

Figure I-4. Comparaison de la distribution du volume cumulé en fonction du rayon d'accès des pores pour différents bétons avant et après chauffage à 600°C (Hager, 2004).

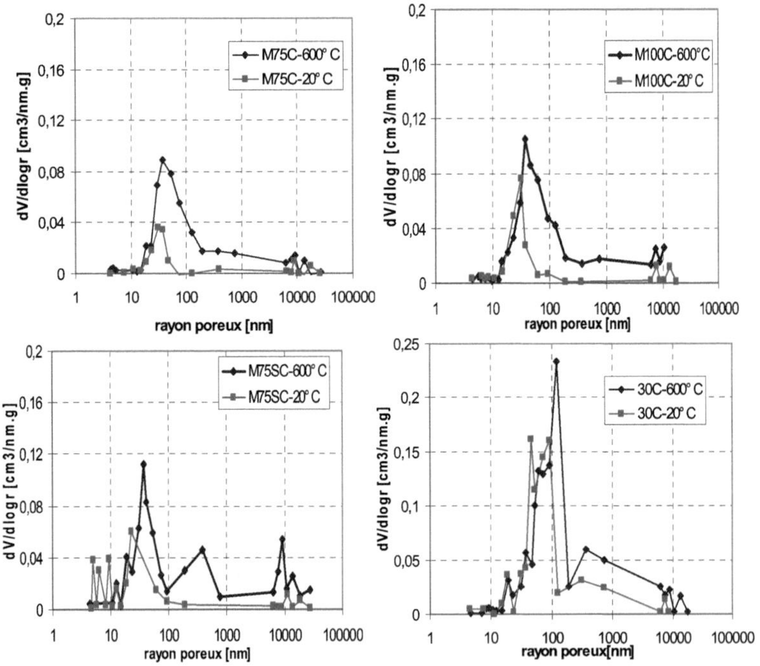

Figure I-5. Distribution des tailles des pores obtenus avec le porosimètre à mercure pour les bétons testés chauffés et non chauffés (Hager, 2004).

Cette hypothèse permet d'expliquer la valeur importante du pic du BO M30C par rapport aux autres bétons (Figure I-5). Ayant des distributions presque identiques, dans le cas de la distribution du volume cumulé de rayon de pores (Figure I-4), les deux BHP M100C et M75C ont des tendances similaires à 20°C et 600°C. En effet, une importante population de pores de diamètre moyen 31.3 nm est à noter pour les deux échantillons de ces deux BHP à 20°C. Cette similarité de tendance peut s'expliquer par des compositions similaires induisant des caractéristiques mécaniques comparables.

D'une façon générale, pour les quatre bétons, la distribution des tailles de pores à 600°C est décalée par rapport à celle de 20°C avec une augmentation d'intensité des pics. Ceci traduit le fait qu'une augmentation de température induit une augmentation des tailles des pores.

I-3 EVOLUTION DES PROPRIETES THERMIQUES DU BETON AVEC LA TEMPERATURE

Il est difficile de déterminer de façon intrinsèque les propriétés thermiques du béton en fonction de la température. Cette difficulté est due aux nombreux phénomènes qui se produisent simultanément au sein du matériau tels que l'évolution de la porosité, les phénomènes de transport et de changement de phases et les changements dans la composition chimique. Ainsi des relations uniques valables en toutes situations ne peuvent pas être établies pour décrire les variations de ces propriétés en fonction de la température. Cependant, pour les besoins de la modélisation, des relations restituant les tendances générales qui se dégagent des observations expérimentales peuvent être adoptées.

I-3.1 Conductivité thermique

Pour les bétons courants, la conductivité thermique diminue lorsque la température augmente. La mesure de la conductivité thermique sous hautes températures est très difficile à réaliser à cause de l'influence de plusieurs paramètres à savoir l'évolution de la porosité, la teneur en eau, le type de granulat et la formulation du béton. La diminution de la conductivité thermique en fonction de la température est assez marquée pour un béton de granulat silico-calcaire, faible pour un béton de granulats calcaires, et peu significative pour un béton léger (Figure I-6) (Collet, 1977).

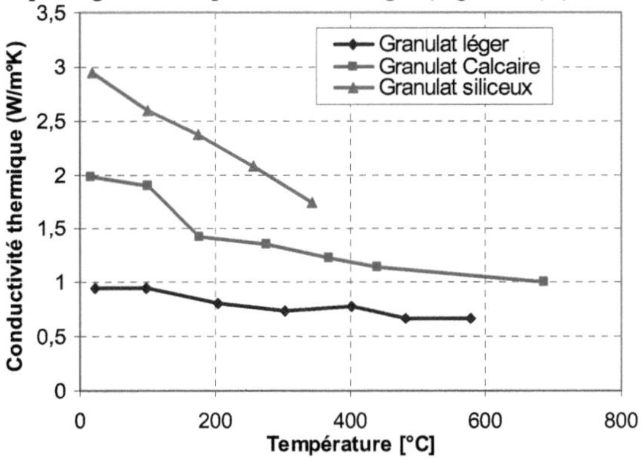

Figure I-6. Evolution de la conductivité thermique mesurée sur différents types de béton en fonction de la température (Collet, 1977)

Des résultats établis par Kalifa et al. (1998) dans le cadre de l'étude BHP 2000, donnant la variation de la conductivité thermique en fonction de la température, sont représentés sur la Figure I-7. Cette variation a été réalisée pour les quatre types de béton M30C, M75C, M75SC et M100C. La conductivité thermique a été mesurée à l'aide d'un appareil développé au CSTB, le CT-mètre (Kalifa et al., 1998).

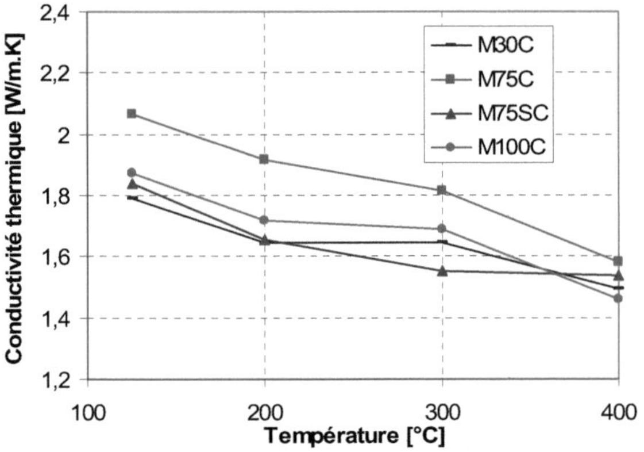

Figure I-7. Evolution de la conductivité thermique résiduelle en fonction de la température pour différents types de bétons (Kalifa, 1998)

A partir de ces courbes, on peut déduire une même tendance générale pour les quatre types de béton, avec une décroissance de l'ordre de 0.5 $W/m \cdot K$ pour le M75C et entre 0.3 $W/m \cdot K$ et 0.4 $W/m \cdot K$ pour les trois autres types de béton.

I-3.2 Chaleur spécifique

La chaleur spécifique C_p mesure la quantité d'énergie nécessaire pour faire monter de 1°C la température d'un kilogramme de matériau. Sur la Figure I-8, on représente une estimation de la variation de la chaleur spécifique avec la température pour une pâte de ciment (Harmathy, 1970). A partir de cette figure, on peut noter qu'entre 100°C et 800°C, il y a une forte augmentation de la chaleur spécifique due à la contribution de la chaleur latente causée par la déshydratation du ciment. Le pic observé à 500°C est associé à la déshydratation de l'hydroxyde de calcium CH. Si le chauffage est accompagné par des réactions chimiques ou par des changements de phases qui se produisent à des températures données, l'enthalpie est une fonction de la température et du degré de conversion ξ des réactifs en produits. Selon Harmathy (1970), et Harmathy & Allen (1973), la chaleur spécifique C_p est une chaleur spécifique apparente qui est donnée par l'expression suivante :

$$C_p = \left(\frac{\partial H}{\partial T}\right)_{p,\xi} + \left(\frac{\partial H}{\partial \xi}\right)_{p,T} \frac{\partial \xi}{\partial T} = \bar{C}_p + \Delta H_p \frac{\partial \xi}{\partial T} \qquad (I.7)$$

où H est l'enthalpie, T la température, $\overline{C}_p$ est la contribution de la chaleur sensible dans la chaleur spécifique pour un degré de conversion ξ et ΔH_p est l'enthalpie de la réaction qui se produit (évaporation, déshydratation).

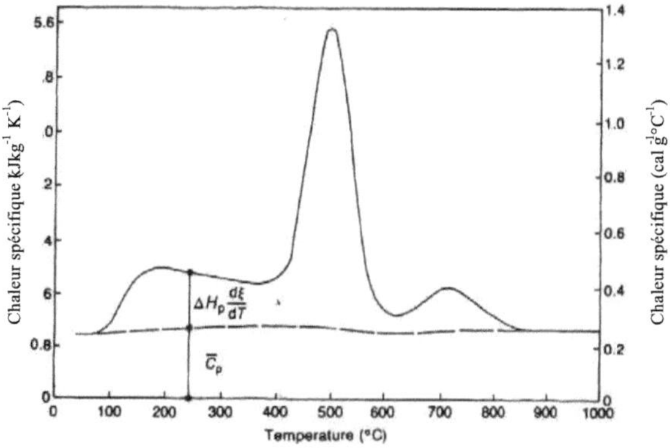

Figure I-8. Variation de la chaleur spécifique d'une pâte de ciment (Harmathy, 1970)

Sur la Figure I-9, on rapporte les variations de la chaleur spécifique en fonction de la température pour différents types de béton mesurées par différents auteurs (Mounajed, 2001).

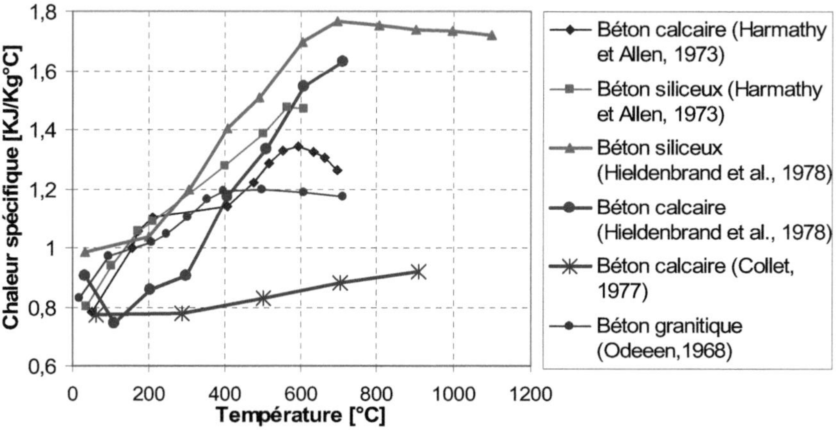

Figure I-9. Variation de la chaleur spécifique en fonction de la température pour différents types de béton (Mounajed., 2001)

Les résultats de ces mesures ont montré que la chaleur spécifique des bétons calcaires et bétons siliceux augmente avec la température. Selon l'auteur, cette augmentation de la chaleur spécifique

est peut-être liée aux transformations physico-chimiques qui ont lieu dans le béton à hautes températures et qui sont en générale endothermiques.
Pour les bétons granitiques, la variation de la chaleur spécifique en fonction de la température n'est pas significative.
Par ailleurs, on constate que l'allure de variation de la chaleur spécifique C_p en fonction de la température diffère de celle de la pâte. L'évolution dans le cas du béton est plus régulière. Ceci peut s'expliquer par le volume assez faible qu'occupe la pâte de ciment par rapport au volume total de béton (les granulats occupent 70% du volume total du béton). En conséquence, la régularité de la variation de C_p en fonction de la température du béton laisse penser à une régularité de la variation de la chaleur spécifique des granulats.

I-3.3 La perméabilité intrinsèque

Cette perméabilité est indépendante du fluide d'invasion. Kalifa et al. (1998) ont étudié l'influence de hautes températures sur la perméabilité intrinsèque du béton. L'évolution de cette perméabilité en fonction de la température pour deux types de béton un BO et un BHP est représentée sur la Figure I-10. A partir de ces deux courbes, on peut noter qu'à 105°C, la perméabilité du béton à haute performance ($\approx 10^{-17}\ m^2$) est dix fois inférieure à celle du béton ordinaire ($\approx 10^{-16}\ m^2$). Entre 105°C et 400°C, la perméabilité du BHP augmente plus rapidement que celle du BO et à 400°C, elle est égale à $3\times10^{-15}\ m^2$ pour le BHP et $10^{-15}\ m^2$ pour le BO. Selon les auteurs, avant 300°C, cette augmentation est due à l'augmentation des pores capillaires, par contre après 300°C, la micro fissuration joue un rôle très important dans cette augmentation de la perméabilité.

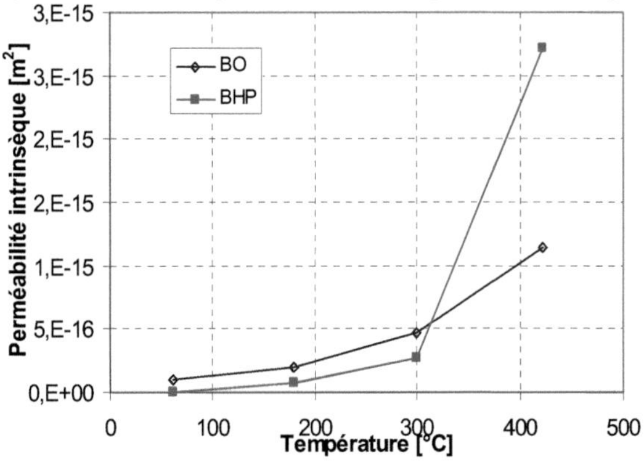

Figure I-10. La perméabilité intrinsèque en fonction de la température (Kalifa et al., 1998)

En plus de l'effet de la température, le chargement mécanique a également une influence sur l'évolution de la perméabilité intrinsèque. En effet, une charge appliquée jusqu'à la résistance ultime va induire un endommagement dans le spécimen générant de la micro-fissuration et donc une augmentation de la perméabilité (Gérard et al., 1996 et Torrenti et al., 1999).
Une étude expérimentale a été réalisée par Picandet et al. (2001) pour caractériser l'effet d'un chargement extérieur sur la perméabilité résiduelle du béton après décharge. Comparée à un

échantillon non endommagé, une compression uniaxiale jusqu'à 90% de la résistance à la compression peut augmenter la perméabilité axiale d'un ordre de grandeur après décharge. Cette augmentation est due à la formation d'un réseau de microfissures qui ne se sont pas complètement refermées quand la charge a été enlevée.

I-4 EVOLUTION DES PROPRIETES MECANIQUES DU BETON AVEC LA TEMPERATURE

I-4.1 Module d'élasticité à hautes températures

De nombreuses études expérimentales montrent une diminution graduelle du module élastique en compression avec la température (Schneider, 1988; Castillo et Duranni, 1990; Diederichs et al.; 1992; Hager, 2004).
A partir de différents résultats expérimentaux, Schneider (1988) a pu conclure que la résistance initiale, le rapport e/c, le type de ciment et le taux de chargement dans la gamme de [10%, 30%] n'ont pas une grande influence sur l'évolution du module d'élasticité du béton en fonction de la température. C'est le type d'agrégats qui a la plus grande influence sur cette évolution.
La faible influence du rapport e/c a été confirmée par les essais réalisés par Hager (2004). Des essais de mesure de la variation du module élastique ont été réalisés sur le BHP M100C avec des rapports e/c respectivement égaux à 0.3, 0.4 et 0.5. Les valeurs des modules d'élasticité apparents relatifs, définies comme les rapports des modules d'élasticité à une température donnée et du module d'élasticité déterminé à T= 20 °C, sont représentées sur la Figure I-11.

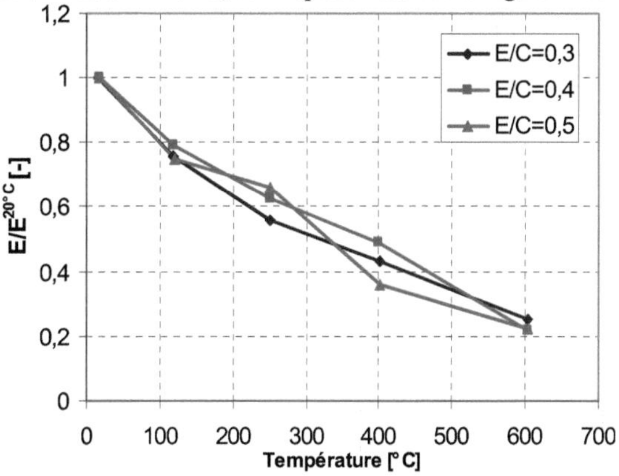

Figure I-11. Evolution des modules d'élasticité apparents relatifs déterminés « à chaud » sur les bétons de E/C= 0.3 ; 0.4 ; 0.5 à différentes températures (Hager, 2004).

La Figure I-12 montre les variations du module d'élasticité relatif déterminées sur trois BHP M100C, M75C, M75SC et un BO M30C (Hager, 2004). Pour ces quatre types de béton, on note une décroissance du module d'élasticité relatif entre 20°C et 600°C. Les valeurs de ce dernier à 600°C sont inférieures à 15%. La plus faible valeur est celle du M75SC (moins de 2 %).

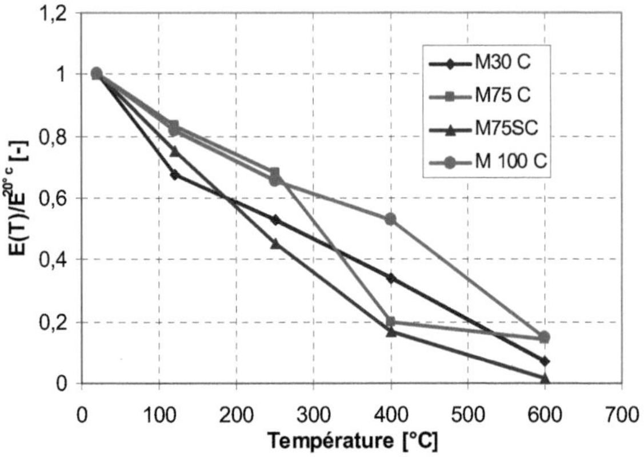

Figure I-12. Evolution du module d'élasticité relatif pour les bétons M30C,M75C, M75SC,M100C (Hager, 2004)

I-4.2 Résistance en compression à hautes températures

L'évolution de la résistance en compression en fonction de la température a été le sujet de plusieurs investigations expérimentales. Cette évolution est affectée par de nombreux paramètres : nature du liant et des granulats, rapport agrégat/ciment, rapport e/c (Schneider 1988).
Les nombreux essais réalisés sur le béton ordinaire présentent un minimum entre 80 et 90 °C (Figure I-13). Ceci est attribué à une augmentation de la fluidité de l'eau dans cette gamme de température entraînant une réduction des forces de liaisons faibles (Van der Waal) entre les couches de CSH, une réduction des énergies de surface du gel et le développement éventuel de groupes silanols (Si-OH HO-Si) qui présentent des forces de liaisons faibles (Khoury, 1992). En dépassant 90°C, on observe une augmentation de la résistance à la compression. Ceci peut être expliqué par l'augmentation du processus de séchage qui provoque un accroissement des forces de surface entre les particules de gel de CSH qui assurent la résistance de la pâte de ciment. En dépassant les 300°C, le béton est complètement sec et la résistance en compression du béton diminue progressivement avec la température. Ceci est dû aux différentes transformations chimiques et minéralogiques qui ont lieu dans la pâte de ciment.
Concernant le comportement de la résistance en compression du béton à haute performance, sur la Figure I-14, on représente la variation de la résistance de compression relative obtenue par Hager (2004) des trois BHP M100C, M75SC, M75C comparés avec celle du BO M30C. A partir de cette figure on peut noter la présence d'un minimum aux alentours de 120°C pour le M30C et M75C avec une phase de récupération de la résistance à partir de cette température. Cette phase de récupération est retardée à 400°C pour le M100C. Ceci peut s'expliquer par la perméabilité plus faible de ce type de béton, par conséquent, un départ de l'eau retardée et donc une phase de récupération retardée. La nature des granulats pour le M75C et M75SC semble ne pas avoir d'influence jusqu'à la gamme de température [400°C, 600°C]. A 600°C, les trois bétons M30C, M75C et M100C convergent vers une valeur de résistance relative aux alentours de 30-35% et le M75SC vers une valeur <10%.

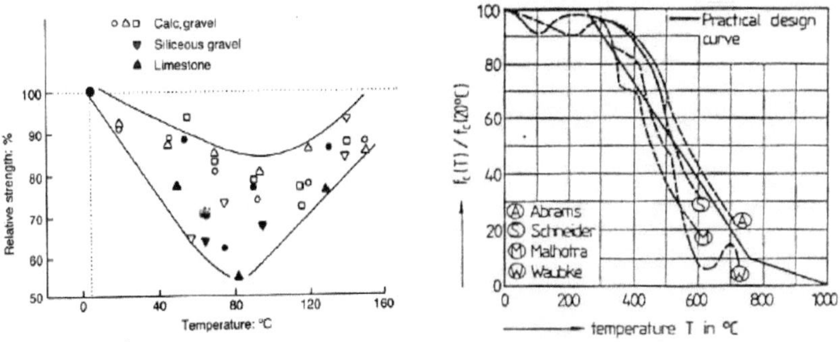

Figure I-13. (a) Résistance en compression relative des bétons avec différents types de granulats (Khoury, 1992). (b) Résistance à la compression de bétons ordinaires en fonction de la température (Schneider, 1988)

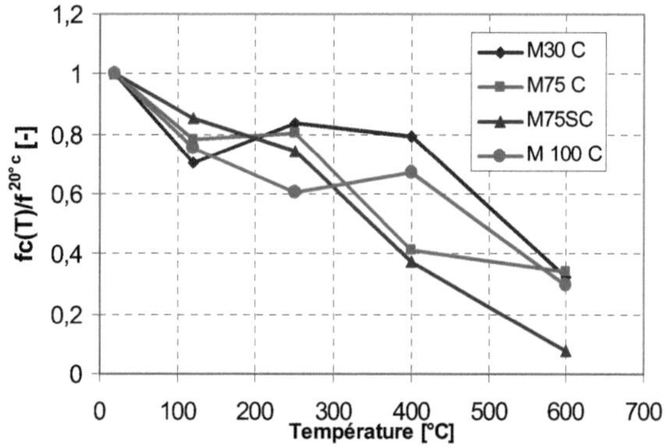

Figure I-14. Résistance à la compression relative pour les bétons M30C, M75C, M75SC, M100C (Hager, 2004)

I-4.3 Résistance en traction à hautes températures

Peu de recherches ont été faites pour déterminer la résistance à la traction à hautes températures, vu la complexité de la réalisation des essais. La plupart des observations, de l'évolution de la résistance en traction en fonction de la température, sont réalisées après le refroidissement par fendage (Thelandersson, 1971; Noumowé, 1995). Sur la Figure I-15, on présente les résultas de traction directe à chaud obtenus par Thelandersson (1971), Felicetti & al (1985) et Felicetti & Gambarova (1999) comparés avec les valeurs proposées par l'EUROCODE 2 et le DTU Feu-Béton.

Toutes les valeurs déterminées se situent au dessous de celle du DTU. A partir de ce graphe, comme pour la variation de la résistance en compression, la résistance en traction chute avec l'élévation de la température. En effet, la résistance en traction du béton avec la température est affectée par les mêmes paramètres que pour la résistance en compression (nature du liant et des granulats, teneur en eau, vitesse de chauffage...). Par ailleurs, Harada & al. (1972) affirment que, par rapport à la résistance en compression, la diminution de la résistance en traction est très marquée.

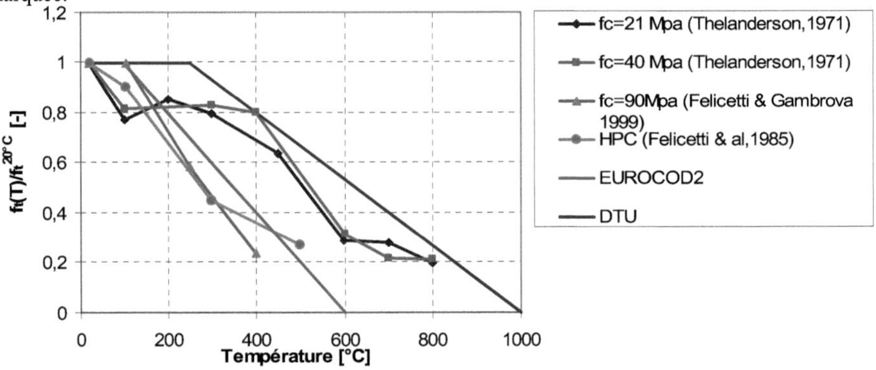

Figure I-15. Résultats des essais de résistance en traction relative obtenus par Thelandersson (1971), Felicetti & al (1985) et Felicetti & Gambarova (1999) comparés à ceux de la DTU et EUROCODE 2

I-4.4 Effets des hautes températures sur l'énergie de fissuration du béton

L'énergie de fissuration peut être définie comme l'énergie nécessaire à la création d'une fissure de surface unitaire. Les évolutions des propriétés mécaniques du béton (module d'élasticité, résistance en compression et en traction), dues à l'élévation de température, vont induire une évolution de l'énergie de fissuration. L'analyse des résultats obtenus par différents auteurs (Baker, 1996; Bazant & Kaplan, 1996; Heinfling, 1998) indiquent que la variation de l'énergie de fissuration du béton avec la température est un paramètre important influençant la capacité des modèles à prédire le comportement des structures en béton armé à hautes températures (Heinfling, 1998). La Figure I-16 présente l'évolution de la valeur moyenne de l'énergie de fissuration avec la température. On peut noter la dispersion des résultats pour cette caractéristique et une forte dépendance de l'énergie de fissuration aux paramètres énoncés par la résistance.

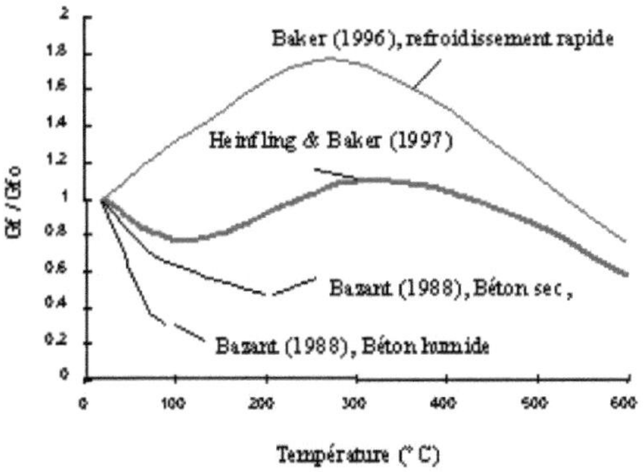

Figure I-16. Variations relatives de l'énergie de fissuration du béton avec la température (Heinfling, 1998)

I-5 DEFORMATIONS THERMIQUES DU BETON A HAUTES TEMPERATURES

Quand le béton est soumis à l'action combinée d'un chargement mécanique et d'une augmentation de la température, sa déformation totale apparaît comme la somme de plusieurs composantes. Ces composantes peuvent être classées en trois familles liées à la nature des mécanismes moteurs à leurs origines. On distingue :

- Les déformations de nature mécanique sont celles liées à la seule présence d'un état de contrainte appliquée. La déformation élastique, la déformation de fissuration et la déformation de fluage propre en sont les composantes essentielles.
- Les déformations de nature thermo-hydrique sont celles liées à l'occurrence de processus physico-chimiques au sein du matériau tels que la dessiccation, la montée en température, la déshydratation. La dilatation thermique et le retrait de dessiccation sont les deux composantes les plus importantes.
- Les déformations d'interaction sont des déformations additionnelles liées au fait que les processus physico-chimiques mentionnées plus haut aient lieu en présence de contraintes appliquées. En effet, dans cette situation (chargement mécanique et montée en température simultanés) la déformation totale mesurée diffère de la somme des déformations mesurées pour chaque mécanisme pris seul, ce qui justifie la présence de ces déformations additionnelles. La part additionnelle de la déformation élastique du fait de l'évolution du module d'Young avec la température en est une composante. On peut également mentionner la déformation de fluage de dessiccation.

Ainsi le tenseur de déformation $\boldsymbol{\varepsilon}$ est conventionnellement donné par (Schneider, 1988; Khoury et al., 2002):

$$\boldsymbol{\varepsilon} = \boldsymbol{\varepsilon}_e + \boldsymbol{\varepsilon}_f + \boldsymbol{\varepsilon}_t + \boldsymbol{\varepsilon}_r + \boldsymbol{\varepsilon}_c \qquad (I.8)$$

où $\boldsymbol{\varepsilon}_e$ est la déformation élastique dépendant de la température, $\boldsymbol{\varepsilon}_f$ est la déformation de fissuration, $\boldsymbol{\varepsilon}_t$ est la déformation de *dilatation thermique effective* du matériau, $\boldsymbol{\varepsilon}_r$ est la déformation de *retrait de dessiccation* et $\boldsymbol{\varepsilon}_c$ est la déformation de *fluage transitoire*.

La résultante des déformations de la dilatation thermique effective ε_t et du retrait de dessiccation ε_r donne la *déformation thermique libre* ε_{th} :

$$\varepsilon_{th} = \varepsilon_t + \varepsilon_r \tag{I.9}$$

qui est la déformation apparente mesurée expérimentalement lors d'un essai de dilatation thermique libre. Dans le cadre de ce travail elle est également qualifiée de déformation thermo-hydrique. Il est à signaler que la déformation de retrait de dessiccation dont l'origine est la pâte reste faible par rapport à celle de la dilatation thermique (§ I-6).

Dans l'équation (I.8), la déformation de fluage transitoire ε_c englobe la déformation de *fluage propre* du béton ε_{bc} ainsi que la déformation de *fluage thermique transitoire* ε_{tc} :

$$\varepsilon_c = \varepsilon_{bc} + \varepsilon_{tc} \tag{I.10}$$

Cette dernière est la déformation mesurée expérimentalement quand le béton est soumis à l'action combinée de la dessiccation et de la température sous un chargement mécanique constant. Généralement, on considère comme faible la valeur de la déformation de fluage propre ε_{bc} car en situation accidentelle le mécanisme de fluage n'a pas le temps de se développer. La déformation de fluage thermique transitoire, quand à elle, est liée à l'évolution de l'hygrométrie et à la déshydration du matériau sous contrainte. Bien que les processus moteurs soient identifiés et unanimement acceptés (Thelanderson et al., 1988, Torrenti et al., 1997, Benboudjema, 2002, Feraille, 2000; Pasquero, 2004), aucune modélisation existante (Anderberg et Thelandersson, 1973; Khoury & al., 1985; Bazant & Kaplan, 1996; Gawin et al., 2004) ne propose de relation explicite entre ces mécanismes moteurs et la déformation induite.
En outre, dans certains travaux (Khoury et al., 1985; Schneider, 1988; Khoury, 2003) on définit la *déformation thermique induite par la charge* ε_{tm} (DTIC ou LITS en anglais) comme la somme de la déformations élastique ε_e, de la déformation de fissuration ε_f et de celle du fluage thermique transitoire ε_{tc} :

$$\varepsilon_{tm} = \varepsilon_e + \varepsilon_f + \varepsilon_{tc} \tag{I.11}$$

Expérimentalement, cette déformation est obtenue en enlevant la déformation thermique libre de la déformation mesurée dans un essai où on charge le spécimen puis on le chauffe.
Dans ce qui suit, on présente une synthèse des observations expérimentales concernant les composantes majeures de la déformation du béton soumis à de hautes températures, ainsi que de leurs modélisations.

I-6 DEFORMATION THERMIQUE LIBRE DU BETON A HAUTES TEMPERATURES

Lorsqu'il est soumis à une variation de température, le béton subit une déformation thermique qualifiée de libre en l'absence de contraintes appliquées. Cependant, les gradients thermiques se développant durant les phases transitoires de propagation de la chaleur engendrent une déformation thermique non uniforme au sein du béton. Cette non uniformité induit des contraintes internes qui peuvent elles mêmes provoquer un endommagement du matériau. En outre, la déformation thermique du béton est la superposition des déformations de la matrice cimentaire et des granulats au cours de l'échauffement. L'incompatibilité entre ces déformations thermiques affecte d'une façon significative les propriétés mécaniques du béton à hautes températures.

I-6.1 Déformation thermique libre de la pâte de ciment

Quand la pâte de ciment est soumise à de hautes températures, elle subit en première phase une dilatation. Cette première phase de dilatation correspond à une gamme de température allant jusqu'à 150°C (Khoury, 1995). Ensuite, la pâte de ciment subit une deuxième phase de contraction due au retrait de dessiccation (Hager, 2004). Néanmoins, la température de changement de comportement (dilatation / contraction) dépend de la vitesse de chauffage : plus cette vitesse est importante plus la température est grande. En effet, sur la Figure I-17, on représente les déformations thermiques d'une pâte de ciment chauffée à deux vitesses 0.5°C/min et 1°C/min dont la composition est celle correspondant à un béton M100C (Hager, 2004). A partir de cette figure, la pâte de ciment se dilate jusqu'à une température où la déformation atteint 2.2mm/m. Cette température dépend de la vitesse de chauffage. Pour les vitesses de 0.5 et 1°C/min, ces températures se situent respectivement aux alentours de 125°C et 180°C.
Ce changement de comportement est dû au processus de dessiccation traduisant le départ de l'eau présente initialement dans les pores de la pâte de ciment. Sachant que le temps caractéristique de la conduction de chaleur est inférieur à celui de la dessiccation (Msaad, 2005), le processus de dessiccation et donc la contraction de la pâte ont besoin de plus de temps pour se développer. Ainsi, plus la vitesse de chauffage est grande, plus le temps nécessaire à inverser la déformation est important ce qui se traduit par une température plus importante de l'amorce de la phase de contraction. La valeur finale de la contraction ne devrait pas être affectée par la vitesse de chauffage. Ainsi, les deux courbes devraient se rejoindre.

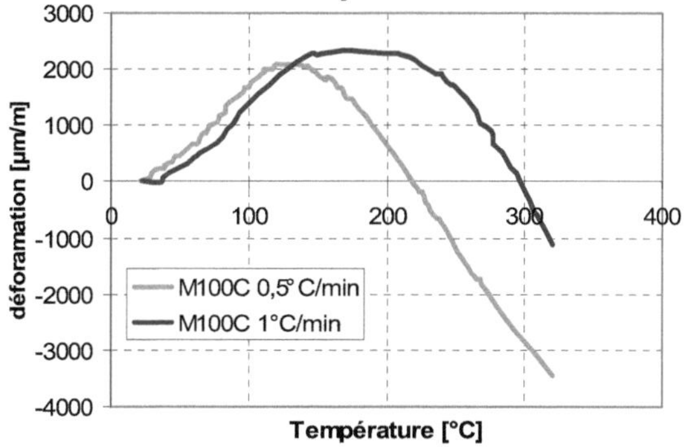

Figure I-17. Déformations thermiques de la pâte de ciment chauffée avec les vitesses 0.5°C/min et 1°C/min (Hager, 2004)

I-6.2 Déformation thermique libre des granulats

Les granulats occupent 70 % du volume total d'un béton. La déformation thermique du béton est principalement liée à celle de ses granulats.
En effet, sur la Figure I-18 on représente l'évolution de la déformation thermique de la roche calcaire en comparaison avec la déformation thermique d'un béton M100C réalisé avec des granulats ayant la même nature calcaire que la roche. La Figure I-18 révèle, pour une température allant de 20 à environ 520°C, une différence relativement faible entre la dilation thermique du

granulat et celle du béton M100C. Ceci conduit à penser, du moins dans ce cas, que la déformation thermique libre du béton est essentiellement contrôlée par celle des granulats. En d'autres termes la déformation due au retrait de dessiccation qui a pour origine la pâte de ciment reste négligeable devant la dilatation thermique des granulats.
Cependant, la déformation de retrait de la pâte de ciment du même béton M100C, donnée par la Figure I-17, montre des valeurs qui ne sont pas négligeables par rapport à celle de la déformation thermique libre des granulats. En effet, les proportions de granulats et de pâte sont, respectivement, égales à 70% et 30%. Entre 300°C et 400°C, une loi de mélange donne une contribution de la pâte à la déformation du béton d'environ 25% de la contribution de la dilatation des granulats. Ceci semble en contradiction avec les résultats de la Figure I-17 car on ne constate aucun écart entre la déformation du béton et de celle du granulat dans cet intervalle de températures.
Même si une simple loi de mélange n'est pas valable dans ce cas, l'utilisation d'une approche plus précise tel qu'un schéma d'homogénéisation ne devrait pas changer de façon sensible ce résultat. Ainsi, cet aspect mérite de faire l'objet d'une campagne expérimentale plus détaillée. En ce qui concerne cette étude, nous considérons la déformation thermique libre du béton sans distinguer les contributions du retrait et de la dilatation effective.

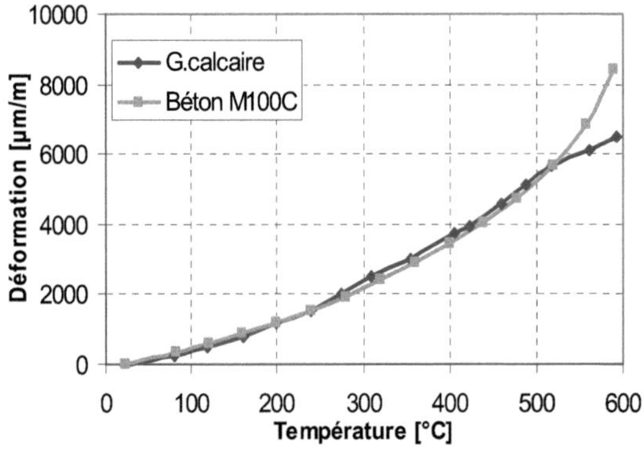

Figure I-18. Evolution de la déformation thermique de la roche calcaire en comparaison avec la déformation thermique d'un béton M100C réalisé avec la même nature des granulats calcaires (Hager, 2004)

I-6.3 Déformation thermique du béton

Plusieurs recherches ont été réalisées afin de mesurer la déformation thermique d'un béton soumis à de hautes températures. La synthèse des résultats donnée par Schneider (1988) montre que:

- la déformation thermique d'un béton évolue de façon non linéaire avec la température.
- le facteur le plus important affectant cette déformation est la nature du granulat.
- pour des températures dans la gamme de [600°C, 800°C], la plupart des bétons montrent une réduction ou l'arrêt de la dilatation thermique.

Ces observations ont été confirmées avec les résultats de déformation thermique obtenus par Hager (2004) sur les bétons considérés dans le cadre de cette étude. Sur la Figure I-19, on représente les résultats de la dilatation thermique déterminée sur les bétons M75C et M75SC. Chacun des deux bétons a été chauffé avec deux vitesses de montée en température: 0.5°C/min et 1 °C/min.

A partir de cette figure, on peut noter que la déformation thermique du béton silico-calcaire est plus importante que celle du béton calcaire avec un comportement non-linéaire en fonction de la température.

En outre, nous pouvons observer que la vitesse de montée en température a une faible influence sur le résultat. Les deux courbes sont quasiment identiques pour le béton M75C. Néanmoins, il est à signaler que cette observation peut être due au fait que les vitesses de montée en température soient très proches. Ce comportement ne devrait plus être valable pour des vitesses plus importantes du fait de l'apparition dans ce cas de forts gradients thermiques.

Au-delà de 500°C, la déformation du béton M75SC pour une vitesse de chauffage égale à 0.5 °C/min est plus grande. Ceci peut s'expliquer par une durée plus longue de l'essai à 0.5°C/min et donc par une déshydratation plus importante et une fissuration plus significative du matériau.

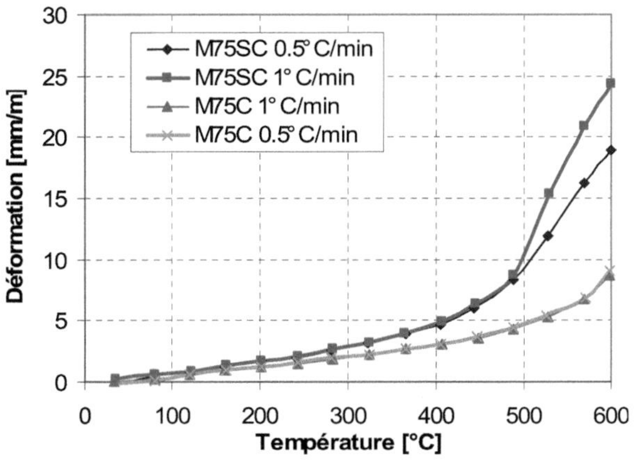

Figure I-19. Influence de la vitesse de montée en température sur les déformations thermiques (DT) (Hager, 2004)

Sur la Figure I-19, on représente la déformation thermique libre en fonction de la température pour les quatre bétons : M100C, M75C, M75SC et M30C pour un cycle de chauffage-refroidissement (Figure I-20). La vitesse de chauffage est égale à 1°C/min avec un palier maintenu à 600°C pendant trois heures.

A partir de cette figure, on peut voir que la dilatation du béton M75SC est plus importante que les trois bétons M100C, M75C et M100C qui présentent des valeurs comparables. Ceci est bien évidemment dû à la nature des granulats silico-calcaires qui ont un coefficient de dilatation plus important que les granulats calcaires.

En outre, bien que la température ait été maintenue constante à 600°C, on note une augmentation de la déformation. Cette augmentation peut s'expliquer par les changements de phases dans les

granulats qui se produisent aux alentours de 570°C (transformation du quartz α en quartz β). En effet, cette tendance peut être attribuée à la présence d'une cinétique pour ces transformations traduisant l'augmentation de la déformation au niveau du palier de 600°C.
En outre, à partir de la Figure I-19, on peut affirmer que, pour les quatre types de béton, la déformation thermique est irréversible avec des valeurs résiduelles positives.

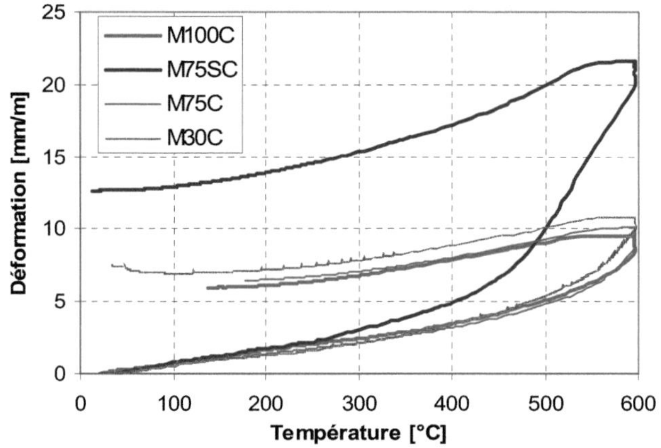

Figure I-20. Déformation thermique libre en fonction de la température pour les bétons M100C, M75SC, M75C et M30C (Hager, 2004)

I-6.4 Modélisation de la déformation de retrait de dessiccation

Dans la littérature, plusieurs modèles ont été élaborés afin de modéliser la déformation de retrait de dessiccation. Dans la première approche, le taux de variation de la déformation de retrait de dessiccation $\dot{\boldsymbol{\varepsilon}}_r$ peut être donnée comme une fonction linéaire de la variation de la teneur en eau $\dot{m}_e$ (Thelanderson et al., 1988; Granger 1996; Torrenti et al., 1997; Benboudjema, 2002) :

$$\dot{\boldsymbol{\varepsilon}}_r = \alpha_r \dot{m}_e \boldsymbol{\delta} \tag{I.12}$$

où α_r est un coefficient identifié expérimentalement et $\boldsymbol{\delta}$ est le tenseur unité du second ordre.

Dans la deuxième approche, la mécanique des milieux poreux est adoptée. La déformation de retrait de dessiccation est donnée à partir de la contrainte effective $\boldsymbol{\sigma}'$ au sens de Bishop (Gray et Schrefler, 2001). En effet, cette dernière est à l'origine des déformations du squelette solide et est définie par:

$$\boldsymbol{\sigma}' = \boldsymbol{\sigma} + bp^s \boldsymbol{\delta} \tag{I.13}$$

où $\boldsymbol{\sigma}$ et le tenseur de contrainte apparente, b est le coefficient de Biot et p^s est la pression de pores appliquée sur le solide par les fluides environnants. Cette pression dépend des conditions thermo-hydriques extérieures auxquelles est soumis le matériau.
En adoptant cette approche, plusieurs auteurs (Obeid et al., 2002 ; Bourgeois et al., 2002 ; Gawin et al., 2004) considèrent que le retrait de dessiccation est la réponse élastique du matériau sous la

seule variation des pressions de pore. Dans ce cas, les contraintes apparentes sont nulles et l'équation (I.13) permet d'établir la relation donnant la déformation de retrait de dessiccation :

$$\boldsymbol{\varepsilon}_r = \frac{b}{K} p^s \boldsymbol{\delta} \tag{I.14}$$

où K étant le coefficient de compressibilité du milieu poreux.
La relation précédente ne permet pas de reproduire deux constatations expérimentales majeures : l'irréversibilité du retrait lors de la ré-humidification et sa dépendance à la vitesse de séchage (Benboudjema, 2002). Partant de ce constat, une troisième approche est proposée (Benboudjema, 2002; Benboudjema & al., 2006) dans laquelle le retrait de dessiccation résulte de la déformation élastique et de fluage du squelette solide sous l'effet des pressions de pores. Dans ce cas la déformation du retrait est une réponse visco-élastique donnée par l'équation suivante (Benboujema et al., 2006) :

$$\boldsymbol{\varepsilon}_{rd} = b \left[\boldsymbol{E}^{-1} p^s + \int_0^t \boldsymbol{J} \, dp^s \right] : \boldsymbol{\delta} \tag{I.15}$$

où $\boldsymbol{E}$ est le tenseur du quatrième ordre d'élasticité du milieu poreux et $\boldsymbol{J}$ est celui de sa complaisance de fluage.

I-6.5 Modélisation de la déformation thermique du béton

Comme évoquée précédemment, la déformation thermique libre du béton est la superposition d'un mécanisme de dilatation thermique effective, essentiellement des granulats, et une contraction du fait du retrait de la pâte.
Une modélisation fine consiste alors à considérer indépendamment les deux composantes de la déformation ce qui nécessite l'identification des paramètres du modèle de retrait et ceux du modèle de dilatation thermique. La démarche consisterait alors à identifier le modèle de retrait à partir d'essais de retrait classiques, effectués à température ambiante. L'extension à des températures élevées devra alors faire l'objet d'hypothèses introduisant une incertitude certaine. Ayant les déformations de retrait avec ce degré d'incertitude, un essai de déformation thermique libre permettra alors d'identifier la dilatation thermique effective en retirant la déformation de retrait de la déformation totale mesurée. Il est à noter que la déformation de retrait n'est pas dans ce cas identifiée expérimentalement mais est obtenue nécessairement par calcul sur la base du modèle précédemment identifié et étendue aux cas en température.
L'autre façon de procéder consiste à identifier globalement la déformation thermique à partir d'un essai de déformation thermique libre. Ceci permet généralement d'écrire le tenseur taux de déformation thermique libre $\dot{\boldsymbol{\varepsilon}}_{th}$ en fonction de la variation de la température :

$$\dot{\boldsymbol{\varepsilon}}_{th} = \alpha_{th}(T)\dot{T} \, \boldsymbol{\delta} \tag{I.16}$$

en faisant intervenir un coefficient de dilatation thermique α_{th} qui peut varier avec la température.

Il est clair que cette relation ne fait pas dépendre explicitement la déformation thermique en fonction des conditions hydriques transitoire. En d'autres termes, la réponse du modèle n'est valable que pour des conditions hydriques identiques à celles de l'essai ayant permis l'identification du seul paramètre du modèle α_{th}. Il est donc nécessaire, dans ce cas, de réaliser un essai conforme à la situation devrant être étudiée. C'est le prix « à payer » du fait de la

simplification suggérée par la relation (I.17) par rapport à une approche qui découple expansion et retrait.
Une évolution générique en fonction de la température de α_{th} a été suggérée par Pearce et al. (2003) dont l'expression est donnée par l'expression suivante:

$$\begin{aligned} \alpha_{th} &= \frac{6\times10^{-5}}{7-\theta} \quad pour\ 0\leq\theta\leq 6 \\ \alpha_{th} &= 0 \quad pou\ \theta > 6 \end{aligned} \tag{I.18}$$

où $\theta = (T - T_0)/100$.

Dans le cadre de notre étude, des essais de déformation thermique libre sont systématiquement exploités pour identifier ce coefficient.

I-7 DEFORMATION DU FLUAGE THERMIQUE TRANSITOIRE

Le fluage thermique transitoire est la propriété du béton de se déformer de façon très importante lorsqu'il est soumis à une sollicitation mécanique et à une augmentation de la température. La déformation ainsi obtenue est largement supérieure à celle obtenue par la déformation élastique et le fluage propre du matériau (Khoury et al., 1985; Schneider, 1988; Msaad, 2005). En outre, ce phénomène se développe dans la pâte de ciment et les agrégats tendent à le restreindre (Khoury et al., 1985).
Dès les années 20, Lea et Stradling (1922) ont montré que la seule prise en compte dans un calcul du comportement élastique du béton, devrait conduire à la rupture du matériau dès 100°C. Néanmoins, leurs résultats expérimentaux montraient que les bétons testés n'atteignaient pas le seuil de rupture pour des températures allant jusqu'à 300°C (Khoury, 1985).
Ce n'est que 40 ans plus tard que cette apparente contradiction a pu être levée avec la découverte du fluage thermique transitoire. C'est probablement en 1962 que Johansen et Best, cité par Khoury et al (1985), ont reporté l'existence de cette déformation et c'est seulement dans les années 70 que cette déformation commence à être prise en compte comme une composante de la déformation thermique du béton. Plusieurs recherches ont été menées pendant les deux dernières décennies (Schneider, 1988 ; Khoury et al., 1985; Bazant, 1997; Diederichs et al., 1989; Kalifa, 1998; Hager, 2004; Colina, 2000 et 2004; Sabeur & Colina ; 2005 et 2006).

I-7.1 Hypothèses des mécanismes de fluage thermique transitoire du béton

Différentes hypothèses ont été avancées afin d'expliquer les mécanismes de cette déformation. Anderberg et Thelandersson (1973) considèrent que la composante de fluage thermique transitoire représente l'effet de la contrainte appliquée sur la déformation thermique du béton et introduisent donc le concept d'interaction thermo-mécanique.
Khoury & al (1985) considère que le fluage thermique transitoire résulte d'une relaxation et d'une distribution des contraintes thermiques. A l'échelle du matériau, cette déformation atténue les incompatibilités entre le retrait de la matrice cimentaire (après 100°C) et l'expansion thermique des granulats aidant ainsi à éviter l'endommagement excessif du béton.
Bazant & Kaplan (1996) expliquent le fluage thermique transitoire comme étant uniquement du fluage de dessiccation. Selon Schneider (1982) cité par Nechnech (2000), ce phénomène peut être

expliqué par l'activation du processus du fluage propre par la température en raison du départ de l'eau inter-feuillet du gel C-S-H.
Plus récemment, Gawin et al (2004) considèrent que le fluage thermique transitoire est lié à l'endommagement thermo-chimique qui se produit dans la pâte de ciment et les micros fissures induites pendant le chauffage.
Dans le même sens, Mounajed (2004) explique ce phénomène par de l'endommagement mécanique induit par l'incompatibilité entre la pâte et le granulat. Cette endommagement diminue la rigidité du matériau et donne lieu, sous contrainte, à cette déformation additionnelle laquelle ne devrait pas être qualifiée de fluage. Cependant, il est à noter que le mécanisme de fluage thermique transitoire a également été mis en évidence sur des pâtes de ciment (Hager 2004). La seule incompatibilité pâte granulat ne permet donc pas d'expliquer ce phénomène.
En outre, Colina et Sercombe (2004) avancent l'hypothèse que le fluage thermique transitoire est lié aux phénomènes irréversibles qui sont mobilisés par la montée en température dont les transformations physico-chimiques et changements micro-structuraux. Cette hypothèse est basée sur le fait que le phénomène n'est pas réversible pendant un cycle de chauffage refroidissement. En outre, le processus ne se réamorce lors d'un nouveau cycle de chauffage que dans le cas où la température dépasse la température maximale atteinte au cours du premier cycle.
Les différents modèles traduisant ces mécanismes de déformation de fluage thermique transitoire sont étudiés plus en détail dans le paragraphe I.7.3. Les différentes observations expérimentales concernant cette déformation sont présentées dans ce qui suit.

I-7.2 Observations expérimentales de la déformation du fluage thermique transitoire

Dans cette partie, nous présentons une synthèse des travaux réalisés par Anderberg et Thelanderson (1976), Schneider (1988), Khoury et al. (1985) et Hager (2004) étudiant la déformation de fluage thermique transitoire en fonction de la température et du niveau de chargement pour différents types de béton.
Anderberg et Thelanderson (1976) ont réalisé des essais sur des cylindres de béton ordinaire dont la résistance à la compression est égale à 40 MPa. Ces éprouvettes ont un diamètre égal à 75 mm et une hauteur de 150 mm. La vitesse de montée en température est égale à 5°C/min avec trois taux de chargements appliqués : 22.5, 45 et 67.5% de la résistance à la compression à 20°C. Les résultats de ces essais sont donnés par la Figure I-21.
A partir de cette figure, on peut voir que pour le taux de chargement de 22.5%, le matériau subit d'abord une dilatation puis une contraction qui inverse la tendance de la déformation aux alentours de 500°C. Pour les deux autres taux de chargement, 45% et 67,5%, la négative générée par l'application de la contrainte est suffisamment importante pour masquer la dilation thermique dès les premiers instants de l'essai. Il est à noter que la déformation totale mesurée ici est la somme d'une déformation thermique libre (ou déformation thermo-hydrique) et d'une déformation thermo-mécanique. Cette dernière est essentiellement une déformation du fluage thermique transitoire puisque la déformation élastique et la déformation de fissuration restent relativement faibles jusqu'au 400°C. Ainsi, la Figure I-21 montre que la déformation de fluage thermique transitoire a une contribution majeure dans la déformation totale. La figure montre également l'influence du taux de chargement sur la déformation du fluage thermique transitoire qui augmente lorsque le niveau de chargement augmente. Il en découle que cette déformation est nécessairement une fonction de la contrainte appliquée.

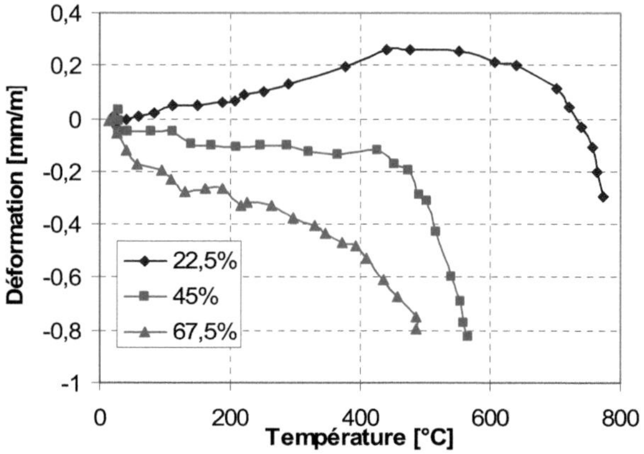

Figure I-21. Déformation totale en fonction de la température sous différentes charges (Anderberg & Thelanderson, 1976)

Des essais ont été réalisés par Schneider (1988) sur des cylindres de béton ordinaire. Deux types de béton ont été testés : un premier avec des granulats en quartz et un deuxième avec des granulats légers. La résistance à la compression est égale respectivement à 20 et 21 MPa. Ces éprouvettes non étanches, de diamètre 8 cm et d'une hauteur de 30 cm, ont été sollicitées en compression avec des taux de chargements égaux à 0, 10, 20, 30, 40, 50 et 60% de la résistance à la compression. Les résultas de ces essais sont donnés sur la Figure I-22. Le taux 0 correspond donc à un essai de déformation thermique libre.

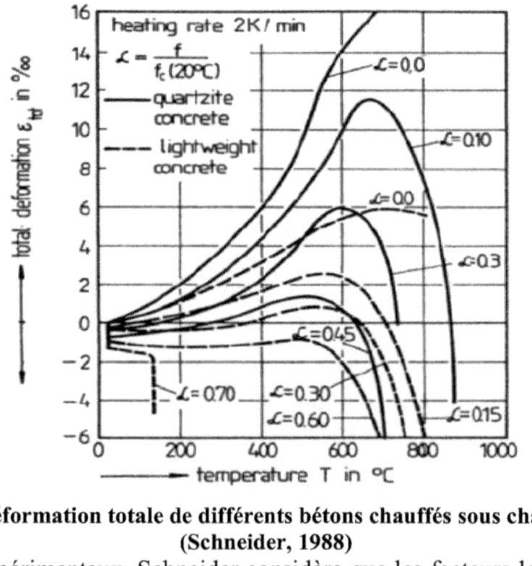

Figure I-22. Déformation totale de différents bétons chauffés sous charge constante (Schneider, 1988)

A partir des résultats expérimentaux, Schneider considère que les facteurs les plus influents sur la déformation de fluage thermique transitoire sont : le taux de chargement, le taux d'évaporation et le conditionnement des éprouvettes d'essais. En effet, les éprouvettes qui n'ont pas été protégées de la dessiccation ou, qui ont déjà subi un chauffage à 105°C avant l'essai, donnent des valeurs moins importantes de la déformation de fluage thermique transitoire que celles qui ont été protégées de la dessiccation. Ceci traduit le rôle de la dessiccation sur la déformation de fluage thermique transitoire (Schneider, 1988).

Khoury & al (1985) ont réalisé des essais sur des éprouvettes cylindriques de diamètre 62 mm et de hauteur 186 mm. Huit bétons et pâtes de ciment ont été testés. Les bétons ont été fabriqués avec des granulats calcaires, basaltiques et siliceux. Les conditions de conservations des éprouvettes avant l'essai étaient 100% d'humidité relative (HR) et une température ambiante égale à 20°C durant 6 à 8 mois. Quatre niveaux de chargements ont été appliqués : 0, 10, 20 et 30 % de la résistance à la compression. Deux vitesses de chauffages ont été appliquées: 0.2°C/min et 1°C/min.

Dans ces travaux, Khoury n'isole pas la déformation de fluage thermique transitoire mais donne globalement la déformation thermique induite par la charge DTIC (en anglais LITS). Il est rappelé qu'elle correspond à la différence entre la déformation totale et la déformation thermique libre. Cette déformation englobe aussi la déformation élastique qui évolue avec la température. Elle correspond dans notre travail de thèse à la déformation thermo-mécanique.

A partir de ces essais, l'auteur considère que le résultat le plus important est que les courbes de cette déformation, pour différents bétons, sont identiques jusqu'à la température de 450°C (Figure I-23). Khoury arrive à la conclusion que, pour une température inférieure à 450°C, la DTIC a pour origine la pâte de ciment et plus exactement le gel C-S-H ce qui la rend relativement insensible au type de granulat. C'est ce résultat très important qui va constituer une hypothèse de base du modèle proposé, dans le cadre de notre travail, pour le fluage thermique transitoire.

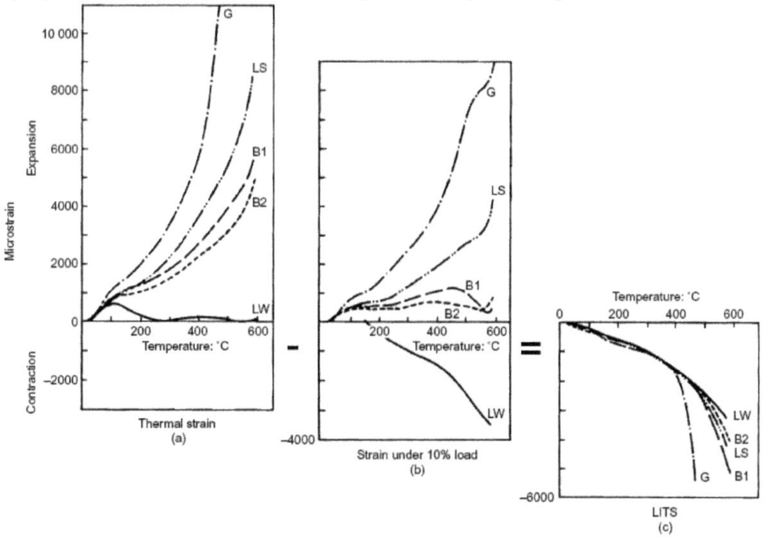

Figure I-23. Déformations thermiques de 5 types de bétons (HR=65%) chauffés à 1°C/min (Khoury et al., 1985)

Des travaux récents ont été réalisés dans le cadre de la thèse de Hager (2004), sur les trois types de BHP M100C, M75SC, M75C et sur le BO M30C. Des éprouvettes cylindriques de diamètre égal à

104 mm et d'une longueur de 300 mm de chaque composition, ont subi un cycle de chauffage-refroidissement. La vitesse de montée en température est égale à 1°C/min jusqu'à de 600°C puis la température y est maintenue constante pendant un palier de trois heures pour ensuite procéder à une phase de refroidissement. Deux types d'essais ont été réalisés : un essai de déformation thermique libre (sans charge) et un essai de déformation totale. La charge appliquée est égale à 20% de la résistance à la compression de chaque type de béton. Ces essais permettent d'isoler la DTIC par différence entre la déformation totale, de laquelle la déformation élastique initiale a été retranchée, et la déformation thermique libre. Sur la Figure I-24, on représente la déformation ainsi obtenue en fonction de la température pour les quatre types de bétons. En fait, cette déformation prend en compte à la fois la déformation de fluage thermique transitoire et la part additionnelle de la déformation élastique du fait de la montée en température.
A partir de cette figure, et en ce qui concerne la différence de comportement entre les quatre types de bétons, on peut remarquer que la DTIC pour les deux BHP avec granulats calcaire est plus importante que celle du BO M30C avec une différence plus importante dans la plage de température [400°C, 600°C]. Cette différence entre le comportement du BO et celui du BHP avec le même type de granulats peut s'expliquer par le fait que la proportion de pâte de ciment (siège du fluage thermique transitoire) est plus importante dans le cas du BHP.

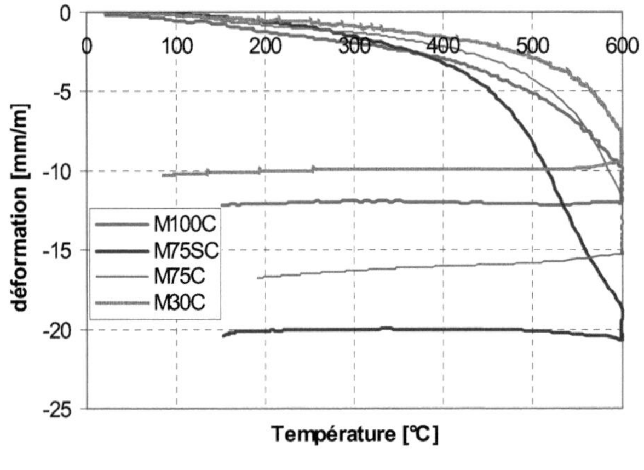

Figure I-24. Fluage thermique transitoire en fonction de la température pour les bétons M100C, M75SC, M75C et M30C chargés à 20% de la résistance à la compression (Hager, 2004)

Par ailleurs, la déformation du béton M75SC est comparable à celle des deux autres BHP jusqu'à 400°C. Au-delà de cette température, l'écart devient beaucoup plus important avec une valeur finale à 600°C quasiment le double de celle des deux BHP avec des granulats calcaires. Cette différence de comportement entre des bétons avec des granulats calcaires et ceux avec des granulats silico-calcaires peut avoir pour origine la nature des granulats silico-calaires qui possèdent un coefficient de dilatation thermique plus élevé que celui des granulats calcaires. Ainsi, l'incompatibilité entre l'expansion des granulats et la contraction de la pâte de ciment entraîne l'apparition et l'augmentation des microfissures qui vont induire l'augmentation de la déformation apparente. Ainsi, cette déformation additionnelle, qui intervient à une température de l'ordre de 600°C, serait plus liée à un endommagement de l'interface pâte-granulats. Elle est donc de nature

différente du fluage thermique transitoire qui est lié aux processus physico-chimiques se produisant sous contrainte dans la pâte de ciment. Il convient donc de constater que l'effet de l'endommagement de l'interface pâte-granulats, retenu par Mounajed (2004), ne peut à lui seul expliquer la déformation de fluage thermique transitoire, celle-ci ayant des valeurs déjà significatives avant 600°C.
En outre, deux caractéristiques très importantes communes aux quatre types de bétons sont à noter à partir de cette figure. La première est l'irréversibilité de la déformation de fluage thermique transitoire. L'application du palier de température permet de noter la deuxième caractéristique très importante de cette déformation : la présence d'une cinétique. En effet, la déformation de fluage thermique transitoire continue à se produire au niveau du palier de température prouvant qu'elle a besoin de temps pour se stabiliser
Dans la partie refroidissement, on peut noter une stabilisation de la déformation du fluage thermique transitoire. Ceci résulte de l'absence de cette déformation durant cette phase de refroidissement ce qui entraîne une déformation résiduelle très importante mesurée lors d'un essai de déformation totale. Sur le Tableau I-1, on présente un résumé des modalités d'essais et les matériaux testés au cours des quatre campagnes expérimentales précédentes.

Référence	Température maximale	Taille des éprouvettes [mm]	Vitesse de chauffage	Taux de chargement [%]	Résistance à la compression [Mpa]
Anderberg & Thelanderson (1976)	800°C 600°C 500°	Cylindres 75×150	5°C/min	22,5 45 67, 5	40 [BO]
Schneider et al., (1988)	Jusqu'à la rupture	Cylindres 80×300	2°C/min	0, 10, 20, 30, 40, 50, 60	20 (BO: G. quartz) 21 (BO: G. léger)
Khoury et al., (1985)	600°C	Cylindres 62×186	0.2°C/min 1°C/min	0, 10, 20, 30	51 [HI] 61 [BI] 34 [GI]
Hager (2004)	600°c	Cylindres 104×300	1°C/min	0, 20, 40	39 [M30 C] 100 [M75C] 89 [M75SC] 120 [M100C]

Tableau I-1. Synthèse des modalités d'essai sur la déformation thermique transitoire

I-7.3 Modélisation du fluage thermique transitoire

Dans la littérature, plusieurs modèles ont été élaborés afin de modéliser le fluage thermique transitoire. Bazant et Chern (1985) proposent un modèle global de déformation en situation thermique transitoire. Le modèle est basé sur un formalisme de viscoélasticité non isotherme dans lequel la déformation est donnée en uniaxial par :

$$\varepsilon_e + \varepsilon_{tc} = J(T,t,t')\sigma \quad (I.19)$$

où σ est la contrainte, $J(T,t,t')$ est la fonction complaisance de fluage qui représente la déformation engendrée à l'instant t par une contrainte unitaire appliquée à l'instant t'. Cette fonction de complaisance dépend de la température T et est donnée par l'équation suivante :

$$J(T,t,t') = \frac{1}{E_0} + g(\dot{\omega})\frac{f(\omega)\varphi(T)}{E_0}f(t_e)(t-t')^{1/8} \tag{I.20}$$

où E_0 est le module élastique initial, $f(\omega)$ est une fonction de la teneur en eau $\omega = m_e / m_e^{sat}$, m_e étant la masse d'eau par unité de volume et m_e^{sat} sa valeur à saturation , $g(\dot{\omega})$ est une fonction du taux de séchage donné par la variation de la teneur en eau $\dot{\omega}$, $\varphi(T)$ est une fonction de la température et $f(t_e)$ est une fonction de la maturité t_e.
Le modèle établi par Bazant et Chern (1985) (équations (I.19) et (I.20)) permet de reproduire les différentes observations expérimentales de la déformation de fluage thermique transitoire. Cependant, il présente l'inconvénient d'être complexe au niveau de l'identification expérimentale avec un nombre assez important de paramètres à déterminer. En plus, ce modèle ne permet pas de distinguer la part additionnelle de la déformation élastique, générée par la variation de la température, de la déformation de fluage thermique transitoire. En effet, la déformation élastique est donnée par le premier terme de droite dans l'équation (I.20) ce qui correspond à la seule déformation élastique initiale.

Plusieurs auteurs (Khoury & al., 1985; Thelandersson, 1987) pensent que l'introduction du temps dans cette formulation ne se justifie pas dans la mesure où ils considèrent cette déformation quasi instantanée et pratiquement indépendante du temps.
Basé sur la même approche, Schneider (1988) propose une relation pour la complaisance de fluage qui permet de prendre en compte de façon explicite l'évolution de la déformation élastique avec la température. Cependant, ce modèle intègre également la déformation de fissuration. Dans ce cas, la complaisance est donnée par :

$$J(T,t,t') = \frac{1+\kappa}{E(T)} + \frac{\Phi(\sigma,T)}{E(T)} \tag{I.21}$$

où $E(T)$ est le module de Young du béton dépendant de la température et κ est une fonction qui permet de prendre en compte la fissuration (Schneider, 1988). Φ est le noyau de fluage thermique transitoire qui dépend de la température, de l'histoire de chargement et de l'évolution de l'hygrométrie :

$$\Phi = g(\sigma,T)(1+\psi(\omega,T))-1 \tag{I.22}$$

où ψ est une fonction donnée par l'équation suivante :

$$\psi(\omega,T) = c_1 tanh(\gamma(\omega)(T-20)) + c_2 tanh(\gamma_0(T-T_g)) + c_3 \tag{I.23}$$

où γ est une fonction qui tient compte de la teneur en eau ω en pourcentage de masse et qui est donnée par :

$$\gamma(\omega) = (0.3\omega + 2.2) \cdot 10^{-3} \tag{I.24}$$

c_1, c_2, c_3, γ_0 et T_g sont des paramètres matériels qui dépendent du type de granulat. Le Tableau I-2 présente les valeurs de ces paramètres pour trois types de bétons ayant une teneur en eau ω égale à 2%.

Paramètre	Dimension	G. quartz	G. calcaire	G. léger
C_1	[-]	2.60	2.60	2.60
C_2	[-]	2.40	2.40	3.00
C_3	[-]	1.40	2.40	3.00
γ_0	$^\circ C^{-1}$	7.5×10^{-3}	7.5×10^{-3}	7.5×10^{-3}
T_g	$^\circ C^{-1}$	700	650	600

Tableau I-2. Paramètres matériels de la fonction de fluage thermique transitoire φ pour différents types de béton (Schneider, 1988)

Dans l'équation (I.23), la fonction $g(\sigma,T)$ traduit l'effet de la variation du module d'Young avec la température sur la déformation de fluage thermique transitoire. Elle est donnée par l'équation:

$$g(\sigma,T) = 1 + \frac{\sigma}{f_c^{20^\circ}} \frac{T-20}{100} \tag{I.25}$$

valable pour $\sigma / f_c^{20^\circ} \leq 0.3$ avec $f_c^{20^\circ}$ étant la résistance à la compression à 20°C.

Ce modèle présenté par Schneider permet de reproduire deux caractéristiques importantes de la déformation thermique transitoire à savoir l'irréversibilité et son absence pendant un deuxième cycle de chauffage. Néanmoins, ce modèle présente aussi l'inconvénient du nombre important de paramètres à identifier expérimentalement ainsi que sa restriction de validité pour des taux de chargements ne dépassant pas les 30% de la résistance à la compression à 20°C.

Anderberg et Thelandersson (1973) considèrent la composante du fluage thermique transitoire de façon plus globale en considérant qu'elle représente l'effet de la contrainte appliquée sur la déformation thermique du béton et introduit donc le concept d'interaction thermo-mécanique. Son taux est donné empiriquement dans le cas unidimensionnel par :

$$\dot{\varepsilon}_{tc} = \beta \frac{\sigma}{f_c^{20^\circ}} \dot{\varepsilon}_{th} = \beta \alpha_{th} \frac{\sigma}{f_c^{20^\circ}} \dot{T} \tag{I.26}$$

où β_0 est un paramètre matériau qui varie entre 1.8 et 2.35 (Thelanderson, 1987; Schneider, 1988). Dans une approche similaire, Anderberg (1997) propose une relation empirique qui donne la déformation dans le cas unidimensionnel par :

$$\varepsilon_{tc} = -\ 2.35 \frac{\sigma}{f_c^{20^\circ}} \varepsilon_{th} - \left(10^{-4} \frac{\sigma}{f_c^{20^\circ}} T \right) \mathcal{H}(T-500) \tag{I.27}$$

où $\mathcal{H}$ est la fonction échelon de Heaviside et ε_{th} est donnée par :

$$\varepsilon_{th} = 1.8 \cdot 10^{-4} + 9 \cdot 10^{-6} T + 2.3 \cdot 10^{-11} T^3 \qquad (I.28)$$

pour $T \leq 700°C$ et ensuite atteindre sa valeur asymptotique $\varepsilon_{th} = -14 \cdot 10^{-3}$. Il est à noter que dans ce modèle, la prise en compte de la déformation de fluage thermique transitoire est limitée à la température de $800°C$. Son amplitude est augmentée d'un terme supplémentaire à partir de $500°C$.

Toujours dans le même esprit d'approche, Nielsen et al. (2002) ont proposé un modèle bi-parabolique du fluage thermique transitoire sous la forme :

$$\dot{\varepsilon}_{tc} = \beta \frac{\sigma}{f_{c0}} \dot{T} \qquad (I.29)$$

où $\beta = (2a_1\theta + a_2) \cdot 10^{-2}$ pour $0 \leq \theta \leq \theta^*$ et $\beta = 10^{-2}\left(2a_3\left(\theta - \theta^*\right) + 2a_1\theta^* + a_2\right)$ pour $\theta > \theta^*$ avec $\theta = (T - T_0)/100°C$, θ^* est une température de transition égale à 470°C et (a_1, a_2, a_3) sont trois paramètres.

Par ailleurs, en se basant sur des observations expérimentales, Terro (1998) propose les équations suivantes pour la modélisation de la déformation thermo-mécanique $\varepsilon_{tm} = \varepsilon_e + \varepsilon_f + \varepsilon_{tc}$ pour des taux de chargements allant jusqu'à $\sigma / f_c^{20°} \leq 0.7$ à partir de celle déterminée pour $\sigma / f_c^{20°} = 0.3$:

$$\varepsilon_{tm}\left(T, \frac{\sigma}{f_c^{20°}}\right) = \varepsilon_{tm}(T, 0.3)\left(0.032 + 3.266 \frac{\sigma}{f_c^{20°}}\right) \qquad (I.30)$$

avec :

$$\varepsilon_{tm}(T, 0.3) = a_0 + a_1 \cdot T + a_2 \cdot T^2 + a_3 \cdot T^3 + a_4 \cdot T^4 \qquad (I.31)$$

où (a_1, a_2, a_3, a_4) sont des paramètres déterminés expérimentalement.

Ces modèles, donnés par les équations (I.26), (I.27), (I.29) et (I.30), ne permettent pas de reproduire les caractéristiques majeures de la déformation de fluage thermique transitoire, à savoir l'irréversibilité lors du refroidissement, l'absence pendant un second cycle de chauffage sans dépasser la température maximale et la présence d'une cinétique mise en évidence par des paliers de température. Ceci est lié au fait que ces modèles font dépendre, de façon instantanée, la variation de la déformation de fluage thermique transitoire en fonction de la variation de la température sans, par ailleurs, distinguer la chauffage du refroidissement.

Une amélioration a été proposée par Gawin et al (2004) pour la prise en compte du caractère irréversible de la déformation thermique transitoire. Dans ce modèle, la variation du fluage thermique transitoire est reliée à celle de l'endommagement thermo-chimique. La relation proposée est donnée, dans le cas unidimensionnel, par :

$$\dot{\varepsilon}_{tc} = \beta(d_{tc}) \frac{\tilde{\sigma}}{f_c^{20°}} \dot{d}_{tc} \qquad (I.32)$$

où $\tilde{\sigma}$ est la contrainte effective au sens de la mécanique de l'endommagement et d_{tc} est la variable d'endommagement thermo-chimique.
D'un point de vue thermodynamique, la dissipation mécanique associée à ce processus d'endommagement doit être positive ce qui requiert que $\dot{d}_{tc} \geq 0$ pour toute histoire de sollicitation. Ceci traduit l'irréversibilité de l'endommagement et donc du fluage thermique transitoire. En effet, la variable d'endommagement thermo-chimique d_{tc} dépend de la température maximale T_{max} atteinte au cours d'un premier chauffage. Ceci permet au modèle de reproduire l'irréversibilité et l'absence de la déformation de fluage thermique transitoire pendant un deuxième cycle de chauffage. Cependant, il ne permet pas de reproduire la cinétique.
Sur le Tableau I-3, on présente une synthèse sur les différents modèles présentés ci-dessus en mentionnant leurs capacités à reproduire ou non les trois caractéristiques principales de la déformation thermique transitoire à savoir l'irréversibilité, la cinétique et l'absence de cette déformation pendant un deuxième cycle de chauffage.

Finalement, il est à noter que la relation (I.26), proposée par Anderberg et Thelandersson (1973), a été généralisée au cas tridimensionnel par De Borst & Peeters (1989) puis par Khennane & Baker (1992), Heinfling (1998), Nechnech (2000) et Alnajim (2004) en considérant que le processus ne génère pas d'anisotropie. Dans ce cas, le tenseur taux de déformation de fluage thermique transitoire est donné par :

$$\dot{\boldsymbol{\varepsilon}}_{tc} = \dot{T}\ \boldsymbol{Q} : \boldsymbol{\sigma} \qquad (I.33)$$

où $\boldsymbol{Q}$ est un tenseur du quatrième ordre :

$$\boldsymbol{Q} = (1+\gamma)\boldsymbol{\delta} \,\underline{\overline{\otimes}}\, \boldsymbol{\delta} - \gamma \boldsymbol{\delta} \otimes \boldsymbol{\delta} \qquad (I.34)$$

où γ est le coefficient de Poisson du fluage thermique transitoire, $\otimes$ est le symbole du produit tensoriel et $\underline{\overline{\otimes}}$ du produit tensoriel symétrique.

Modèle	Irréversibilité	Absence lors d'un 2ème cycle	Cinétique
Anderberg & Thelandersson (1973)	non	non	non
Bazant et Chern (1985)	oui	oui	non
Schneider (1988)	oui	oui	non
Anderberg (1997)	non	non	non
Terro (1998)	non	non	non
Nielsen et al. (2002)	non	non	non
Gawin et al. (2004)	oui	oui	non

Tableau I-3. Les différents modèles vis-à-vis des observations expérimentales de la déformation de fluage thermique transitoire

Le but de ce travail est donc de proposer un modèle de fluage thermique transitoire permettant de reproduire l'ensemble des caractéristiques observées en explicitant les mécanismes moteurs dans la loi de comportement proposée ainsi que l'identification expérimentale de cette loi.

I-8 CONCLUSION

Dans ce premier chapitre, quelques rappels concernant la microstructure du béton ont été présentés et une attention particulière a été consacrée à l'eau et au gel C-S-H vu leurs rôles importants dans le comportement du béton à hautes températures. En effet, une augmentation de température engendre une décomposition des C-S-H entraînant la perte de l'eau chimiquement liée et donnant naissance à la déshydratation. En outre, cette élévation de température induit une modification de la microstructure du béton et de ses propriétés thermiques (conductivité thermique, diffusivité, chaleur spécifique et perméabilité) et mécaniques (résistance à la compression et à la traction, module d'Young et énergie de fissuration). Nous avons pu constater une diminution graduelle des différentes propriétés mécaniques accompagnée d'une augmentation de la perméabilité expliquant la dégradation du matériau béton.

En outre, les différentes déformations que subit le béton quand il est soumis à de hautes températures ont été évoquées. Nous nous sommes intéressés plus particulièrement à la déformation thermique libre (à l'échelle pâte, granulat et béton) et au fluage thermique transitoire ainsi qu'à ses différents mécanismes moteurs.

En ce qui concerne la déformation thermique libre, nous avons montré qu'elle évolue de façon non linéaire en fonction de la température, qu'elle est irréversible et que ses valeurs dépendent fortement de la nature des granulats utilisés. En outre, nos observations expérimentales montrent que la déformation de retrait de dessiccation reste faible par rapport à celle donnée par l'expansion des granulats.

Les observations expérimentales de la déformation de fluage thermique transitoire ont montré que c'est une déformation irréversible, possédant une cinétique et totalement absente pendant un deuxième cycle de chauffage tant que la température appliquée ne dépasse pas la température maximale du premier cycle. En outre, pour des températures inférieures à 400°C, elle est insensible aux granulats et a pour origine la pâte de ciment.

Plusieurs modèles ont été présentés dans la littérature pour modéliser la déformation du fluage thermique transitoire. Ces modèles se résument en deux approches : la première considère le fluage thermique transitoire comme une déformation de fluage et la deuxième évoque l'effet de la contrainte appliquée sur la déformation thermique du béton et introduit le concept d'interaction thermo-mécanique. Cependant, ces différents modèles ne permettent pas de reproduire les différentes observations expérimentales observées. En outre, l'effet des transformations physico-chimiques dues à l'élévation de températures qui se produisent au sein du béton chargé ne sont pas prise en considération de façon explicite.

L'objectif est donc de proposer, dans un cadre thermo-hydro-mécanique, un modèle alternatif qui permet de relier le fluage thermique transitoire à ses mécanismes moteurs de façon explicite de sorte à reproduire les principales caractéristiques de cette déformation.

CHAPITRE II MODELISATION

II-1 INTRODUCTION

Comme exposés en partie bibliographique, les phénomènes mis en jeu lors du chauffage du béton sont divers et complexes. L'évaporation de l'eau liquide suivie par la déshydratation modifient les conditions de saturation ainsi que la structure du réseau poreux ce qui affecte les propriétés de transports de masse et de chaleur. D'autre part, l'élévation de température entraîne aussi des déformations et donc des contraintes dans le squelette se traduisant par de l'endommagement. En ce qui concerne ces déformations et en particulier le fluage thermique transitoire, la partie bibliographique a permis de mettre en évidence l'incapacité des modèles à reproduire certaines observations expérimentales de cette déformation.

Il existe deux grandes familles pour la modélisation du comportement des bétons à hautes températures. La première famille considère seulement une seule particule fluide (Bažant & Thonguthai, 1978). Ce modèle présente une simplicité cinématique optimale grâce à l'absence des distinctions entre les trois fluides dans le pore (eau liquide, eau vapeur et air sec).
Dans la seconde, on distingue dans le milieu poreux les trois fluides. C'est dans cette famille de modèles que l'on trouve les principaux travaux récents sur le comportement du béton à hautes températures (Schrefler, 1995; Ahmed & Hurst, 1997; Lewis & Schrefler, 1998; Gawin et al., 1999; Feraille, 2000; Obeid et al., 2001; Mainguy et al, 2001; Bourgeois et al., 2002; Dal Pont & Ehrlacher, 2004; Alnajim et al., 2003). La description cinématique de ces modèles de milieux poreux non saturés est un peu plus complexe puisque nous avons quatre particules en chaque point à l'échelle macroscopique. Cependant, l'écriture des lois physiques gouvernant les transports de matière est grandement simplifiée. Le présent travail se situe dans le cadre de cette deuxième famille.

Le but de ce chapitre est alors de proposer, dans un cadre thermo-hydro-mécanique (Alnajim, 2004), un nouveau modèle de fluage thermique transitoire. Dans cette approche, l'évolution de l'état hygrométrique et de la déshydratation sont les deux mécanismes moteurs de cette déformation. Ainsi, une variable de déshydratation est introduite pour décrire les transformations chimiques dues à l'élévation de température. Par ailleurs et, en ce qui concerne le comportement mécanique, une équation constitutive de comportement élasto-plastique endommageable est utilisée. Ce couplage endommagement-plasticité est assuré en utilisant le principe de la contrainte effective.

II-2 Equations constitutives du comportement mécanique

La modélisation des déformations du béton à hautes températures est basée sur un comportement thermo-élasto-plastique endommageable. La fonction de charge est définie dans l'espace des contraintes effectives. Le tenseur des contraintes effectives $\tilde{\boldsymbol{\sigma}}$, qui s'appliquent à la partie non fissurée du matériau est lié au tenseur des contraintes apparentes $\boldsymbol{\sigma}$ par la relation :

$$\tilde{\boldsymbol{\sigma}} = \frac{\boldsymbol{\sigma}}{1-D} \qquad \text{(II.1)}$$

où D est la variable scalaire donnant l'endommagement total du matériau. Ce dernier peut être défini à partir de la combinaison de deux endommagements. Un endommagement thermique D_T dû aux changements physico-chimiques du squelette solide (déshydratation) ainsi qu'aux incompatibilités pâte granulats. Un endommagement mécanique D_M dû à l'ensemble des contraintes extérieures appliquées et à l'augmentation des pressions de pores qui donnent lieu à l'amorce des microfissures et leurs propagations. Ainsi l'équation (II.1) se réécrit :

$$\sigma = (1 - D_T)(1 - D_M)\tilde{\sigma} \tag{II.2}$$

Le tenseur de déformation totale $\boldsymbol{\varepsilon}$ est décomposé en une composante thermo-hydrique $\boldsymbol{\varepsilon}_{th}$ et une composante thermo-mécanique ε_{tm} (Schneider, 1988) tel que :

$$\boldsymbol{\varepsilon} = \boldsymbol{\varepsilon}_{th} + \boldsymbol{\varepsilon}_{tm} \tag{II.3}$$

avec

$$\boldsymbol{\varepsilon}_{th} = \boldsymbol{\varepsilon}_t + \boldsymbol{\varepsilon}_r \tag{II.4}$$

où $\boldsymbol{\varepsilon}_t$ est la déformation de dilatation thermique du béton et $\boldsymbol{\varepsilon}_r$ est la déformation du retrait de dessiccation. La déformation $\boldsymbol{\varepsilon}_{th}$ correspond à la déformation identifiée lors d'un essai de déformation thermique libre. Dans le cadre de ce travail, cette déformation sera considérée globalement sans séparer ses composantes (voir premier chapitre).

En ce qui concerne la composante thermo-mécanique $\boldsymbol{\varepsilon}_{tm}$, elle est donnée par l'expression suivante :

$$\boldsymbol{\varepsilon}_{tm} = \boldsymbol{\varepsilon}_e + \boldsymbol{\varepsilon}_p + \boldsymbol{\varepsilon}_{tc} \tag{II.5}$$

où $\boldsymbol{\varepsilon}_e$ est le tenseur des déformations élastiques, $\boldsymbol{\varepsilon}_p$ est le tenseur des déformations plastiques permettant de décrire la fissuration du matériau et $\boldsymbol{\varepsilon}_{tc}$ est le tenseur de la déformation du fluage thermique transitoire.

En outre, la relation contrainte déformation décrivant ce comportement du béton s'écrit en termes de contraintes effectives $\tilde{\boldsymbol{\sigma}}$ selon l'équation :

$$\tilde{\boldsymbol{\sigma}} = \boldsymbol{E} : \boldsymbol{\varepsilon}_e \tag{II.6}$$

avec $\boldsymbol{E}$ est le tenseur de rigidité de Hooke et $\boldsymbol{\varepsilon}_e$ est la déformation élastique.

Ainsi, l'équation (II.2) se réécrit en tenant compte des équations (II.3)- (II.6) sous la forme suivante :

$$\sigma = (1 - D_T)(1 - D_M)\boldsymbol{E} : (\boldsymbol{\varepsilon} - \boldsymbol{\varepsilon}_p - \boldsymbol{\varepsilon}_{th} - \boldsymbol{\varepsilon}_{tc}) \tag{II.7}$$

II-2.1 Evolution de l'endommagement

L'endommagement thermique peut être défini à partir de la relation liant la variation du module d'Young à la température $E(T)$, déterminée expérimentalement. Cet endommagement est alors donné par (Ulm, 1999; Nechnech, 2000; Alnajim, 2004) :

$$D_T = 1 - \frac{E(T)}{E_0} \tag{II.8}$$

L'endommagement mécanique D_M est décomposé en une variable d'endommagement de compression D_{Mc} et une variable d'endommagement de traction D_{Mt} tel que:

$$D_M = 1 - (1 - D_{Mt})(1 - D_{Mc}) \tag{II.9}$$

Il est choisi d'exprimer la variable d'endommagement en compression et en traction directement en fonction du paramètre d'écrouissage plastique en compression et en traction, respectivement. En effet, de nombreuses évidences expérimentales indiquent que l'endommagement peut être relié aux déformations plastiques (Ju, 1989) : les déformations plastiques contribuent à l'initiation et à la croissance de la micro-fissuration. Ce choix a été déjà effectué par plusieurs auteurs (Lee et Fenves, 1998; Nechnech, 2000; Alnajim, 2004).
En outre, dans leurs travaux, Lee et Fenves (1998) ont noté la forme exponentielle de la variation de la variable d'endommagement en fonction de la déformation plastique. Ainsi la fonction d'évolution de la variable d'endommagement est choisie de type fonction exponentielle de la variable d'écrouissage κ_x et s'écrit :

$$1 - D_{Mx} = \exp(-c_x\ \kappa_x) \tag{II.10}$$

où c_x est un paramètre matériel déterminé à partir d'essais pour le comportement en compression $(x = c)$ et en traction $(x = t)$ (Nechnech, 2000; Alnajim, 2004).

La variable d'écrouissage κ_x où $(x = t, c)$ est définie en adoptant l'hypothèse de la déformation plastique cumulée. Cette hypothèse conduit à exprimer le taux de la variable d'écrouissage respectivement en traction et en compression selon les deux relations :

$$\dot{\kappa}_t = \sqrt{\dot{\boldsymbol{\varepsilon}}_t^p : \dot{\boldsymbol{\varepsilon}}_t^p} \tag{II.11}$$

$$\dot{\kappa}_c = \sqrt{\frac{2}{3}(\dot{\boldsymbol{\varepsilon}}^p)^T : \dot{\boldsymbol{\varepsilon}}^p} \tag{II.12}$$

Afin de prendre en compte la différence de comportement du béton en compression et en traction, il est choisi d'utiliser un critère multi-surface. On considère deux surfaces de charge distinctes suivant la nature de la sollicitation. Ainsi, le critère de Drucker-Prager en compression est adopté :

$$F_c(\tilde{\boldsymbol{\sigma}},\ \kappa_c, T) = \frac{1}{\beta(T)} \cdot \left[\sqrt{3 \cdot J_2(\tilde{\boldsymbol{\sigma}})} + \alpha_f(T) \cdot\ I_1(\tilde{\boldsymbol{\sigma}})\right] - \tilde{\tau}_c(\kappa_c, T) = 0 \tag{II.13}$$

et le critère de Rankine en traction :

$$F_t\left(\tilde{\boldsymbol{\sigma}}_I,\kappa_t,T\right)=\tilde{\boldsymbol{\sigma}}_I-\tilde{\tau}_t\left(\kappa_t,T\right)=0 \quad \text{(II.14)}$$

où $\tilde{\boldsymbol{\sigma}}_I$ est la contrainte principale majeure, $I_1(\tilde{\sigma})$ est le premier invariant du tenseur des contraintes effectives, $J_2(\tilde{\sigma})$ est le deuxième invariant du tenseur des contraintes effectives et $\tilde{\tau}_x(\kappa_x,T)$ $(x=t,c)$ est la contrainte résistante effective définie par :

$$\tilde{\tau}_x(\kappa_x,T)=\frac{\tau_x(\kappa_x,T)}{(1-D_T)(1-D_{Mx})} \quad \text{(II.15)}$$

où $\tau_x(\kappa_x,T)$ est la contrainte résistante nominale dont l'expression en compression $(x=c)$ et en traction $(x=t)$ est donnée par (Figure II-1) :

$$\tau_x(\kappa_x,T)=\frac{f_x(T)}{\chi_x}\left[(1+a_x)\ \exp\left(-b_x(\mathrm{T})\ \kappa_x\right)-a_x\ \exp\left(-2b_x(\mathrm{T})\ \kappa_x\right)\right] \quad \text{(II.16)}$$

où $f_x(T)$ est la limite élastique en traction $(x=t)$ et en compression $(x=c)$ fonction de la température, $(\chi_t=1,\chi_c=3)$ et $(a_x,b_x(T))$ sont deux paramètres identifiés expérimentalement (Nechnech, 2000; Alnajim, 2004).

Une représentation dans le plan des contraintes principales est donnée par la Figure II-2 :

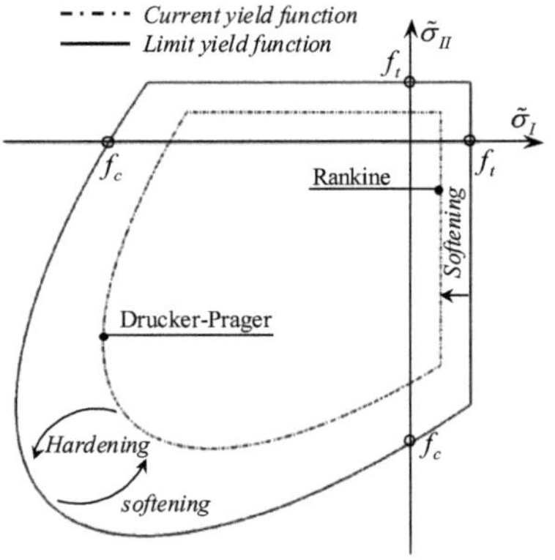

Figure II-1. Critère de Rankine en traction et Critère de Drucker-Prager en compression dans le repère des contraintes principales et dans le cas de contraintes planes

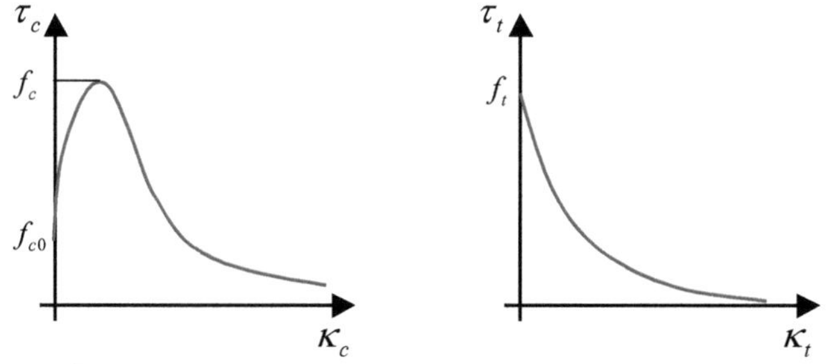

Figure II-2. Évolution des contraintes nominales en fonction la variable d'écrouissage en compression (à gauche) en traction (à droite)

La loi d'évolution de la déformation plastique est donnée conformément à la proposition de Koiter (1953), en tenant en compte de la non associativité de la loi d'écoulement plastique en compression, par :

$$\dot{\varepsilon}_p = \dot{\lambda}_t \frac{\partial F_t}{\partial \tilde{\boldsymbol{\sigma}}} + \dot{\lambda}_c \frac{\partial G_c}{\partial \tilde{\boldsymbol{\sigma}}} \tag{II.17}$$

où $\dot{\lambda}_t$ et $\dot{\lambda}_c$ représentent, respectivement, les taux de multiplicateurs plastiques en traction et en compression associés à la fonction de charge F_t en traction et au potentiel plastique G_c en compression dont l'expression est donnée par :

$$G_c = \frac{1}{\beta(T)} \left[\sqrt{3\, J_2(\tilde{\boldsymbol{\sigma}})} + \alpha_g(T)\; I_1(\tilde{\boldsymbol{\sigma}})\right] - \tilde{\tau}_c(\kappa_c, T) \tag{II.18}$$

où α_g est un paramètre contrôlant la dilatance.

Les équations (II.17) et (II.18) permettent d'exprimer les taux d'écrouissages définis par (II.11) et (II.12) en fonction des multiplicateurs plastiques $\dot{\lambda}_t$ et $\dot{\lambda}_c$ en traction et en compression selon les deux équations respectives:

$$\dot{\kappa}_t = \dot{\lambda}_t \tag{II.19}$$

$$\dot{\kappa}_c = \left(1 + 2\alpha_g^2(T)\right)^{1/2} \dot{\lambda}_c \tag{II.20}$$

II-2.2 Déformation thermique libre

La dilatation des granulats prédomine généralement la contraction de la pâte de ciment, le résultat étant la dilatation du béton. La relation entre la variation de température et le tenseur sphérique de la déformation thermique libre du béton s'écrit classiquement sous la forme incrémentale suivante :

$$\dot{\boldsymbol{\varepsilon}}_{th} = \alpha_{th} \dot{T}\ \boldsymbol{\delta} \qquad \text{(II.21)}$$

où α_{th} est le coefficient de dilatation du béton identifié à partir d'un essai de dilatation thermique libre et $\boldsymbol{\delta}$ est le tenseur unité de second ordre.

II-2.3 Fluage thermique transitoire

L'analyse bibliographique des observations expérimentales d'essais décrivant l'évolution de la déformation du fluage thermique transitoire en fonction de la température a permis d'aboutir aux trois conclusions suivantes :

- La déformation thermique transitoire est une déformation irréversible induisant une importante valeur résiduelle de la déformation totale à la fin d'un cycle de chauffage et refroidissement.
- Cette déformation ne se réamorce lors d'un nouveau cycle de chauffage que dans le cas où la température dépasse la température maximale atteinte au cours du premier cycle.
- C'est une déformation qui a besoin de temps pour se stabiliser et donc, c'est une déformation qui a une cinétique. Dans la phase de refroidissement, elle reste constante, entraînant un endommagement du matériau car les contraintes ne sont plus relaxées par son effet.

Ainsi, le modèle qu'on doit adopter doit tenir compte de ces différentes observations. L'idée est alors de relier la déformation thermique transitoire aux différents processus qui se produisent au sein de la pâte de ciment. On considère ainsi que le fluage thermique transitoire prend origine dans la pâte de ciment et ceci pour des températures dans l'intervalle [20°C, 400°C].

La validité de cette hypothèse a été confirmée par les différents résultats expérimentaux de la déformation thermique transitoire décrits dans la partie bibliographique. En effet, à partir des essais de fluage thermique transitoire, Khoury et al (1985) avaient constaté que les courbes de la déformation thermo-mécanique $\boldsymbol{\varepsilon}_{tm}$ en fonction de la température sont identiques jusqu' à la température de 450°C. Ils sont arrivés à la conclusion, que pour cette gamme de température, la déformation de fluage thermique transitoire est indépendante de type de granulats et a pour origine le gel de C-S-H. Cette même observation a été remarquée dans les essais réalisés par Hager (2004). Elle avait noté que la déformation thermique transitoire du béton M75SC est comparable à celle des deux autres BHP (M75C et M100C) jusqu'à la température de 400°C. Au-delà de cette température, l'écart commence à augmenter jusqu'à une valeur de cette déformation à 600°C quasiment le double de celle des deux BHP à granulats calcaires. Ceci est la preuve que la déformation du fluage thermique transitoire a pour origine la pâte de ciment jusqu'à la température de 400°C et que le rôle de l'incompatibilité entre le comportement contractant de la pâte de ciment et l'expansion des granulats sur la déformation thermique transitoire, devient influent au delà de cette température.

Dans cette gamme de température [20°C, 400°C], les deux processus les plus importants qui se produisent au sein de la pâte de ciment et qui concernent le fluage transitoire sont la dessiccation et la déshydratation. Comme, on l'a vu dans la partie bibliographique, la déshydratation est un processus qui lui aussi a besoin de temps pour se stabiliser et donc c'est un processus a cinétique. En outre, la déshydratation est une réaction physico-chimique qui se produit au cours d'un premier chauffage et elle est complètement absente au cours d'un deuxième chauffage tant que la température ne dépasse pas la température maximale atteinte au cours du premier cycle. Ce sont ces deux propriétés communes à la déshydratation et à la déformation de fluage thermique transitoire qui sont à l'origine de leur corrélation dans le cadre de ce travail.

Les travaux de Feraille (2000) et Pasquero (2004) ont permis de mettre en évidence le fait que la déshydratation n'est pas un phénomène instantanée et que sa cinétique est à prendre en considération. Ainsi, dans ce travail, nous considérons que le processus de déshydratation se produit avec une cinétique intrinsèque, identifiable expérimentalement à l'échelle de la pâte de ciment.
Ainsi le taux de déshydratation est donné par :

$$\dot{m}_{dehy} = -\frac{\langle m_{dehy} - m_{eq}(T) \rangle}{\tau_{dehy}} \tag{II.22}$$

avec $\langle \bullet \rangle$ est le symbole de MacCauley, m_{eq} est la masse de déshydratation à l'équilibre obtenue pour une vitesse de montée en température suffisamment lente, τ_{dehy} est le temps caractéristique de la perte de masse dont la valeur sera supposée constante pour des températures comprises entre 105°C et 400°C qui est la température maximale considérée dans le présent travail.

On considère alors qu'à hautes températures, ces transformations physico-chimiques qui se produisent au sein du matériau béton, sous contrainte, induisent un réarrangement de la microstructure donnant naissance à cette composante additionnelle qui est le fluage thermique transitoire. Ainsi, dans ce travail, le fluage transitoire est considéré comme étant un fluage de dessiccation (Bažant et Chern, 1985; Benboudjema et al, 2005) étendu au cas de hautes températures et un mécanisme de fluage dû à la déshydratation quand la température dépasse la température de 105°C. Il convient d'appeler cette dernière composante: **fluage de déshydratation**. Il est à signaler que le choix de la température de 105°C est un choix conventionnel, car c'est la température permettant le départ de toute l'eau évaporable. Au-delà de cette valeur, c'est l'eau chimiquement liée qui est affectée.

Le fluage de dessiccation est essentiellement relié à la diffusion de l'humidité dans le réseau poreux. Sous contrainte, ce flux local de molécules d'eau, entre les zones d'adsorption empêchée et celles des pores capillaires accélérerait le processus de glissement entre les feuillets de C-S-H conduisant à l'apparition de cette déformation. La théorie du *retrait induit par la contrainte* (Bažant et Chern, 1985; Benboudjema et al, 2005) est adoptée ici. Dans cette théorie, le taux de fluage de dessiccation est relié au changement relatif de l'humidité h_r dans le réseau poreux.

Le fluage de déshydratation, quand à lui, est dû au départ de l'eau chimiquement liée. Un modèle constitutif est ainsi proposé ici. Dans ce modèle, la variable de déshydratation m_{dehy} est considérée comme le moteur du fluage de déshydratation pour des taux de contraintes qui ne dépassent pas les 40 % de la résistance à la compression à température ambiante et des températures ne dépassant pas les 400°C. Cette gamme de température concerne essentiellement la déshydratation des gels de C-S-H, tandis que les C-H sont déshydratés pour des températures dans la gamme de 400°C-550°C et peuvent se produire avec un temps caractéristique différent.

Ainsi, le taux de la déformation de fluage thermique transitoire $\dot{\varepsilon}_{tc}$ dans le cas unidimensionnel s'écrit comme :

$$\dot{\varepsilon}_{tc} = \left(\frac{\alpha_{dc}}{f_c} \left| \dot{h}_r \right| + \frac{\alpha_{hc}\left(m_{dehy}\right)}{f_c} \mathcal{H}\left(T - \hat{T}\right) \dot{m}_{dehy} \right) \sigma \tag{II.23}$$

avec $\mathcal{H}$ est la fonction de Heaviside, $\left| \dot{h}_r \right|$ est la valeur absolue de la variation de l'humidité relative, f_c est la résistance à la compression introduite pour la normalisation, $\dot{m}_{dehy}$ est le taux de déshydratation, σ est la contrainte apparente appliquée et α_{dc} et α_{hc} sont respectivement les paramètres de fluage de dessiccation et de déshydratation qui seront identifiés dans la partie expérimentale.

Une généralisation de cette relation à un état de contrainte multiaxial est donnée par l'équation suivante :

$$\dot{\boldsymbol{\varepsilon}}_{tc} = \left(\frac{\alpha_{dc}}{f_c} \left| \dot{h}_r \right| + \frac{\alpha_{hc}\left(m_{dehy}\right)}{f_c} \mathcal{H}\left(T - \hat{T}\right) \dot{m}_{dehy} \right) \boldsymbol{Q} : \boldsymbol{\sigma} \tag{II.24}$$

avec $\boldsymbol{Q}$ le tenseur d'ordre 4 donné dans le cas isotrope par :

$$\boldsymbol{Q} = (1+\gamma)\boldsymbol{\delta} \,\underline{\overline{\otimes}}\, \boldsymbol{\delta} - \gamma \boldsymbol{\delta} \otimes \boldsymbol{\delta} \tag{II.25}$$

où γ est le coefficient de Poisson du fluage thermique transitoire permettant de construire cette généralisation.
Notons que l'utilisation de la valeur absolue de la variation de l'humidité relative pour le fluage de dessiccation traduit l'irréversibilité de cette déformation lors d'une réhumidification. En outre, l'équation (II.24) montre bien que la composante de déshydratation du fluage thermique transitoire est contrôlée par la cinétique du processus de déshydratation.
En plus, le fluage de déshydratation se produit seulement si $\dot{m}_{dehy} > 0$, c'est-à-dire, si la température dépasse la température correspondante à la déshydratation maximale déjà atteinte pendant deux cycles successifs de chauffage.

Ainsi, l'expression de la déformation thermique transitoire telle qu'elle est donnée par l'équation (II.24) permet de retrouver les différentes caractéristiques expérimentales de cette déformation. En effet, cette équation permet d'assurer l'irréversibilité, la présence d'une cinétique (égale à celle de la déshydratation) et l'absence de cette déformation au cours d'un deuxième cycle de chauffage – refroidissement.

Plus de détails concernant l'identification des paramètres α_{dc} et α_{hc} ainsi que l'existence de la cinétique de déshydratation et sa comparaison par rapport à celle du fluage de déshydratation seront donnés dans les deux chapitres abordant l'identification expérimentale ainsi que la simulation et validation du modèle.

II-3 Equations de conservations

Le milieu poreux est vu au niveau macroscopique comme la superposition de quatre espèces continues : le squelette solide, l'eau liquide et le gaz sous forme d'air sec et de vapeur d'eau. Ainsi, le modèle final consiste en cinq équations de conservations : trois équations de conservations de masse, une équation d'équilibre et une équation de conservation d'énergie.

II-3.1 Equations de conservations de masse

Les équations de conservation de masse font intervenir les champs vecteurs flux de masse par unité de surface. Il s'agit de trois équations de conservation de la masse :

- équation de conservation de l'eau liquide

$$\frac{\partial m_l}{\partial t} + \operatorname{div}(m_l \mathbf{v}_l) = -\dot{m}_{vap} + \dot{m}_{dehyd} \qquad \text{(II.26)}$$

faisant intervenir la déshydratation et l'évaporation comme termes sources.

- équation de conservation de la vapeur d'eau

$$\frac{\partial m_v}{\partial t} + \operatorname{div}(m_v \mathbf{v}_v) = \dot{m}_{vap} \qquad \text{(II.27)}$$

faisant intervenir l' évaporation comme terme source.

- équation de conservation de l'air sec

$$\frac{\partial m_a}{\partial t} + \operatorname{div}(m_a \mathbf{v}_a) = 0 \qquad \text{(II.28)}$$

avec $\dot{m}_{vap}$ et $\dot{m}_{dehy}$ étant, respectivement, le taux d'évaporation et de déshydratation, m_π est la masse par unité de volume de squelette de chaque phase fluide $(\pi = l, v, a)$ donnée par :

$$m_l = \phi S^l \rho^l \qquad \text{(II.29)}$$

$$m_v = \phi S^g \rho^v \qquad \text{(II.30)}$$

$$m_a = \phi S^g \rho^a \qquad \text{(II.31)}$$

où ρ^π est la masse volumique correspondante, ϕ la porosité, S^l est le degré de saturation de l'eau liquide et S^g est celui en gaz avec $S^g = 1 - S^l$.
En outre, dans ces équations de conservation de la masse, les vitesses macroscopiques $\mathbf{v}_\pi$ $(\pi = l, v, a)$ peuvent être décomposées en vitesses relatives afin de décrire le transport de masses, dans le réseau poreux, par les phénomènes de perméation et de diffusion dus, respectivement, à des gradients de pressions et de concentrations. Ainsi, on écrit :

$$\mathbf{v}_l = \mathbf{v}_s + \mathbf{v}_{l-s} \qquad (II.32)$$

$$\mathbf{v}_v = \mathbf{v}_s + \mathbf{v}_{g-s} + \mathbf{v}_{v-g} \qquad (II.33)$$

$$\mathbf{v}_a = \mathbf{v}_s + \mathbf{v}_{g-s} + \mathbf{v}_{a-g} \qquad (II.34)$$

où $\mathbf{v}_s$ est la vitesse de la phase solide, $\mathbf{v}_{\pi-s}$ est la vitesse relative de l'eau liquide $(\pi = l)$ et du mélange gazeux $(\pi = g)$ par rapport à la phase solide et $\mathbf{v}_{\pi-g}$ est la vitesse relative de la vapeur $(\pi = v)$ et de l'air sec $(\pi = a)$ par rapport à la phase gazeuse.

II-3.2 Equation d'équilibre

En négligeant les forces de la pesanteur, l'équation d'équilibre est donnée par:

$$div\ \boldsymbol{\sigma} = 0 \qquad (II.35)$$

avec $\boldsymbol{\sigma}$ étant le tenseur des contraintes de l'ensemble du milieu poreux.

II-3.3 Equations de conservations d'énergie

Dans la littérature, on trouve deux expressions de la forme finale de l'équation d'énergie. Dans la suite, on présentera les différentes hypothèses de bases des deux approches qui ont permis d'aboutir à ces expressions.

Dans la première approche, donnée par Schrefler (1995), l'équation d'énergie a été établie à partir du premier principe de la thermodynamique sans hypothèse simplificatrice préalable. En effet, ce principe permet d'écrire l'équation de conservation de l'énergie pour tout le milieu poreux :

$$\dot{U} + \dot{K} = P_e + Q \qquad (II.36)$$

où :

$$\dot{U} = \sum_{\pi} \dot{U}^{\pi}, \qquad (II.37)$$

$$\dot{U}^{\pi} = \frac{d}{dt}\int_{\Omega} u^{\pi} m^{\pi} d\Omega = \int_{\Omega} \frac{d\left(u^{\pi} m^{\pi}\right)}{dt} d\Omega = \int_{\Omega} \left(\frac{\partial\left(u^{\pi} m^{\pi}\right)}{\partial t} + div\left(u^{\pi} m^{\pi} \mathbf{v}^{\pi}\right) \right) d\Omega, \qquad (II.38)$$

$$\dot{K} = \sum_{\pi} \dot{K}^{\pi}, \qquad (II.39)$$

$$\dot{K}^{\pi} = \frac{d}{dt}\left(\frac{1}{2}\int_{\Omega} m^{\pi}\boldsymbol{v}^{\pi}\cdot\boldsymbol{v}^{\pi}\right), \tag{II.40}$$

$$\dot{P}_e = \sum_{\pi} P_e^{\pi}, \tag{II.41}$$

$$P_e^{\pi} = -\int_{\Sigma}(\boldsymbol{\sigma}.\boldsymbol{n})\cdot\boldsymbol{v}^{\pi}\phi^{\pi}d\Sigma, \tag{II.42}$$

$$Q = \sum_{\pi} Q^{\pi}, \tag{II.43}$$

et

$$Q^{\pi} = -\int_{\Sigma}\phi^{\pi}\cdot\boldsymbol{q}^{\pi}\boldsymbol{n}d\Sigma + \int_{\Omega} m^{\pi}r^{\pi}d\Omega = \int_{\Omega}\left(m^{\pi}r^{\pi} - div\left(\phi^{\pi}\boldsymbol{q}^{\pi}\right)\right)d\Omega. \tag{II.44}$$

Pour chaque phase fluide $(\pi = s,l,v,a)$, U^{π} est l'énergie interne et u^{π} sa densité massique, K^{π} est l'énergie cinétique, P_e^{π} est la puissance des efforts extérieurs, Q^{π} la quantité de chaleur apporté à travers la frontière Σ, r^{π} sont les apports massiques de chaleur, $\boldsymbol{q}^{\pi}$ est le vecteur de flux de chaleur associé, p^{π} est la pression, $\boldsymbol{v}^{\pi}$ est la vitesse, $m^{\pi} = \rho^{\pi}\phi^{\pi} = \rho^{\pi}S^{\pi}\phi$ est la masse par unité de volume de la phase fluide de degré de saturation S^{π} et de masse volumique ρ^{π}. Il est à noter que la contribution des forces de volume à la puissance des efforts extérieurs est négligée. Par ailleurs, le théorème de l'énergie cinétique donne :

$$\dot{K} = P_e + P_i \tag{II.45}$$

où $P_i = \sum_{\pi} P_i^{\pi}$ est la puissance des efforts intérieurs, donnée par :

$$P_i^{\pi} = -\int_{\Omega}\left(\boldsymbol{\sigma}^{\pi} : \dot{\boldsymbol{\varepsilon}}^{\pi}\right)\phi^{\pi}d\Omega \tag{II.46}$$

où $\dot{\boldsymbol{\varepsilon}}^{\pi}$ est le tenseur de vitesse de déformation.

En remplaçant l'expression de l'énergie cinétique dans l'équation de conservation de l'énergie, et en considérant que cette équation doit être satisfaite pour tout domaine Ω, on obtient la forme locale de l'équation de conservation :

$$\sum_{\pi}\frac{\partial\left(u^{\pi}m^{\pi}\right)}{\partial t} + div\left(u^{\pi}m^{\pi}\boldsymbol{v}^{\pi}\right) - \phi^{\pi}\boldsymbol{\sigma}^{\pi} : \dot{\boldsymbol{\varepsilon}}^{\pi} + div\left(\phi^{\pi}\boldsymbol{q}^{\pi}\right) - m^{\pi}r^{\pi} = 0 \tag{II.47}$$

On considère que les différentes phases dans ce milieu partiellement saturé sont localement en équilibre thermique. Ainsi, la même température en chaque point s'écrit :

$$T^l = T^s = T^g \qquad \text{(II.48)}$$

et par conséquent l'équation (II.47) se réécrit :

$$\sum_{\pi} \frac{\partial\left(u^\pi m^\pi\right)}{\partial t} + div\left(u^\pi m^\pi \boldsymbol{v}^\pi\right) - \phi^\pi \boldsymbol{\sigma}^\pi : \dot{\boldsymbol{\varepsilon}}^\pi - m^\pi r^\pi + div\left(\phi^\pi \boldsymbol{q}\right) = 0 \qquad \text{(II.49)}$$

où il n'y plus d'échange par flux entre les phases.
Dans l'approche donnée par Ehrlacher (2000) et Coussy (2004) et utilisée dans plusieurs travaux (Feraille, 2000; Dal Pont, 2004; Msaad 2005), l'énergie cinétique est négligée lors de l'écriture du premier principe. En outre, un flux global $\boldsymbol{q}$ et une densité volumique r de sources de chaleur sont considérés en chaque point matériel sans distinguer les différentes phases.
Ainsi l'équation de conservation d'énergie est donnée par :

$$\frac{\partial u}{\partial t} + \left(\sum_f div\left(m^\pi\left(u^\pi + \frac{p^\pi}{\rho^\pi}\right)\boldsymbol{v}^f\right)\right) + div(\boldsymbol{q}) - r = 0 \qquad \text{(II.50)}$$

En négligeant les apports massiques de chaleurs et en utilisant la définition de l'enthalpie, l'équation (II.50) se réécrit :

$$\frac{\partial u}{\partial t} + \sum_f div\left(m^\pi h^\pi \boldsymbol{v}^\pi\right) + div(\boldsymbol{q}) = 0 \qquad \text{(II.51)}$$

avec $u = u^s + m^f u^f$

A ce stade, une comparaison terme à terme entre l'équation (II.50) et (II.49), montre que la seule condition pour avoir la même forme locale de l'équation de conservation d'énergie pour les deux modèles est l'égalité entre les termes $-\phi^\pi \boldsymbol{\sigma}^\pi : \dot{\boldsymbol{\varepsilon}}^\pi$ et $div\left(\phi^\pi p^\pi \boldsymbol{v}^\pi\right)$. Pour les autres termes, l'égalité est évidente.
Sachant que, pour les phases fluides, le tenseur des contraintes macroscopiques $\boldsymbol{\sigma}^\pi$ et le tenseur vitesse de déformation $\dot{\boldsymbol{\varepsilon}}^\pi$ peuvent être décomposés en parties sphériques $p^\pi \boldsymbol{\delta}$, $\frac{1}{3} tr\left(\dot{\boldsymbol{\varepsilon}}^\pi\right)\boldsymbol{\delta}$, et déviatoriques $\boldsymbol{\tau}^\pi$, $\dot{e}^\pi$,respectivement, selon les expressions:

$$\boldsymbol{\sigma}^\pi = \boldsymbol{\tau}^\pi - p^\pi \boldsymbol{\delta} \qquad \text{(II.52)}$$

$$\dot{\boldsymbol{\varepsilon}}^\pi = \dot{e}^\pi - \frac{1}{3} tr\left(\dot{\boldsymbol{\varepsilon}}^\pi\right)\boldsymbol{\delta} \qquad \text{(II.53)}$$

Alors le produit $\boldsymbol{\sigma}^\pi : \dot{\boldsymbol{\varepsilon}}^\pi$ donne :

$$\boldsymbol{\sigma}^\pi : \dot{\boldsymbol{\varepsilon}}^\pi = \boldsymbol{\tau}^\pi : \dot{e}^\pi - p^\pi tr\left(\dot{\boldsymbol{\varepsilon}}^\pi\right) = \boldsymbol{\tau}^\pi : grad\ \boldsymbol{v}^\pi - p^\pi div\ \boldsymbol{v}^\pi \qquad \text{(II.54)}$$

En négligeant les termes reliés à la dissipation visqueuses, il est possible d'écrire :

$$\phi^{\pi}\boldsymbol{\sigma}^{\pi}:\dot{\boldsymbol{\varepsilon}}^{\pi} = -\phi^{\pi}p^{\pi}div\ \boldsymbol{v}^{\pi} = div\left(\phi^{\pi}p^{\pi}\boldsymbol{v}^{\pi}\right)-\boldsymbol{grad}\left(\phi^{\pi}p^{\pi}\right)\cdot\boldsymbol{v}^{\pi} \qquad \text{(II.55)}$$

En utilisant la condition d'équilibre (II.35), on peut écrire :

$$\boldsymbol{grad}\left(\phi^{\pi}p^{\pi}\right)=div\left(\phi^{\pi}\boldsymbol{\sigma}^{\pi}\right)=0 \qquad \text{(II.56)}$$

Cette dernière équation montre qu'on a exactement la même forme finale pour les deux approches, à ce stade du raisonnement.

Pour aboutir à l'expression finale de l'équation d'énergie telle qu'elle se présente dans la littérature, certains développements de l'équation (II.47) sont nécessaires. En tenant compte de la première égalité de l'équation (II.55), le développement des termes de l'équation (II.47) permet d'écrire :

$$\sum_{\pi}\begin{pmatrix} m^{\pi}\dfrac{\partial u^{\pi}}{\partial t}+u^{\pi}\dfrac{\partial m^{\pi}}{\partial t}+m^{\pi}u^{\pi}div\left(\boldsymbol{v}^{\pi}\right)+\boldsymbol{v}^{\pi}\cdot\boldsymbol{grad}\left(u^{\pi}m^{\pi}\right) \\ +\phi^{\pi}p^{\pi}div\ \boldsymbol{v}^{\pi}-m^{\pi}r^{\pi}+div\left(\phi^{\pi}\boldsymbol{q}\right)\end{pmatrix}=0 \qquad \text{(II.57)}$$

ou après regroupement des termes :

$$\sum_{\pi}\begin{pmatrix} m^{\pi}\left(\dfrac{\partial u^{\pi}}{\partial t}+\boldsymbol{v}^{\pi}.\boldsymbol{grad}\left(u^{\pi}\right)\right)+u^{\pi}\left(\dfrac{\partial m^{\pi}}{\partial t}+m^{\pi}div\left(\boldsymbol{v}^{\pi}\right)+\boldsymbol{v}^{\pi}\cdot\boldsymbol{grad}\left(m^{\pi}\right)\right) \\ +\phi^{\pi}p^{\pi}div\ \boldsymbol{v}^{\pi}-m^{\pi}r^{\pi}+div\left(\phi^{\pi}\boldsymbol{q}\right)\end{pmatrix}=0 \qquad \text{(II.58)}$$

ce qui donne :

$$\sum_{\pi}m^{\pi}\frac{\partial u^{\pi}}{\partial t}+u^{\pi}\left(\frac{\partial m^{\pi}}{\partial t}+m^{\pi}div\left(m^{\pi}\boldsymbol{v}^{\pi}\right)\right)+\phi^{\pi}p^{\pi}div\ \boldsymbol{v}^{\pi}-m^{\pi}r^{\pi}+div\left(\phi^{\pi}\boldsymbol{q}\right)=0 \qquad \text{(II.59)}$$

où est introduite la dérivée particulaire de l'énergie interne :

$$\frac{du^{\pi}}{dt}=\frac{\partial u^{\pi}}{\partial t}+\boldsymbol{v}^{\pi}\cdot\boldsymbol{grad}\left(u^{\pi}\right) \qquad \text{(II.60)}$$

Il est à noter que, pour la phase solide, on a :

$$\frac{du^{s}}{dt}=\frac{\partial u^{s}}{\partial t} \qquad \text{(II.61)}$$

Par ailleurs, l'équation de conservation de la masse de la phase fluide s'écrit de façon générique :

$$\frac{dm^{\pi}}{dt}+m^{\pi}div\left(\boldsymbol{v}^{\pi}\right)=\frac{\partial m^{\pi}}{\partial t}+div\left(m^{\pi}\boldsymbol{v}^{\pi}\right)=-\dot{m}_{r}^{\pi} \qquad \text{(II.62)}$$

où $\dot{m}_r^\pi$ représente les termes sources pour la phase : $\dot{m}_r^l = \dot{m}_{vap} - \dot{m}_{dehy}$; $\dot{m}_r^v = -\dot{m}_{vap}$; $\dot{m}_r^a = 0$ et $\dot{m}_r^s = \dot{m}_{dehy}$.

Par substitution de l'équation de conservation de la masse dans l'équation d'énergie, celle-ci devient :

$$\sum_\pi m^\pi \frac{du^\pi}{dt} + \phi^\pi p^\pi div\, \mathbf{v}^\pi + div\left(\phi^\pi \mathbf{q}^\pi\right) - \dot{m}_r^\pi u^\pi - m^\pi r^\pi = 0 \tag{II.63}$$

Faisons maintenant intervenir la notion d'enthalpie spécifique h^π qui est définie par :

$$h^\pi = u^\pi + \frac{p^\pi}{\rho^\pi} \tag{II.64}$$

avec p^π étant la partie hydrostatique intrinsèque du tenseur de contrainte et $\frac{1}{\rho^\pi}$ étant le volume intrinsèque spécifique.

La différentielle de l'énergie spécifique u^π s'écrit alors:

$$du^\pi = dh^\pi - p^\pi d\left(\frac{1}{\rho^\pi}\right) - \frac{1}{\rho^\pi} dp^\pi \tag{II.65}$$

ce qui donne :

$$\frac{du^\pi}{dt} = \frac{dh^\pi}{dt} + \frac{p^\pi}{\left(\rho^\pi\right)^2}\frac{d\rho^\pi}{dt} - \frac{dp^\pi}{dt} \tag{II.66}$$

En considérant que l'enthalpie spécifique h^π ne dépend que de la température T (équilibre thermique entre les phases) et de la pression p^π , la différentielle de h^π devient :

$$dh^\pi = \left(\frac{\partial h^\pi}{\partial T}\right)_{p^\pi} dT + \left(\frac{\partial h^\pi}{\partial p^\pi}\right)_T dp^\pi = C_p^\pi dT + \left(\frac{\partial h^\pi}{\partial p^\pi}\right)_T dp^\pi \tag{II.67}$$

Pour le terme $\left(\frac{\partial h^\pi}{\partial p^\pi}\right)_T$, on utilise l'identité thermodynamique suivante :

$$\left(\frac{\partial h^\pi}{\partial p^\pi}\right)_T = \frac{1}{\rho^\pi} - T\left[\frac{\partial}{\partial T}\left(\frac{1}{\rho^\pi}\right)\right]_{p^\pi} = \frac{1}{\rho^\pi}\left[1 - \frac{T}{\rho^\pi}\left(\frac{\partial \rho^\pi}{\partial T}\right)_{p^\pi}\right] \tag{II.68}$$

Ceci permet d'écrire le premier terme de l'équation comme suit :

$$\frac{dh^\pi}{dt} = C_p^\pi \frac{dT}{dt} + \frac{1}{\rho^\pi}\frac{dp^\pi}{dt} - \frac{T}{\left(\rho^\pi\right)^2}\left(\frac{\partial \rho^\pi}{\partial T}\right)_{p^\pi} \frac{dp^\pi}{dt} \tag{II.69}$$

En négligeant les termes reliés aux apports massiques de chaleur et à la variation de la masse volumique en fonction de la température, l'équation de conservation d'énergie se réécrit :

$$\sum_{\pi} m^{\pi}\left(C_p^{\pi}\frac{dT}{dt}+\frac{p^{\pi}}{\left(\rho^{\pi}\right)^2}\frac{d\rho^{\pi}}{dt}\right)+\phi^{\pi}p^{\pi}div\ \boldsymbol{v}^{\pi}-\dot{m}_r^{\pi}u^{\pi}+div\left(\phi^{\pi}\boldsymbol{q}\right)=0 \qquad \text{(II.70)}$$

ou encore

$$\sum_{\pi} m^{\pi}C_p^{\pi}\frac{dT^{\pi}}{dt}+\phi^{\pi}\frac{p^{\pi}}{\rho^{\pi}}\frac{d\rho^{\pi}}{dt}+\phi^{\pi}p^{\pi}div\ \boldsymbol{v}^{\pi}-\dot{m}_r^{\pi}u^{\pi}+div\left(\phi^{\pi}\boldsymbol{q}\right)=0 \qquad \text{(II.71)}$$

or d'après l'équation générique de conservation de la masse de la phase fluide, on a :

$$\frac{1}{\rho^{\pi}}\left(\phi^{\pi}\frac{d\rho^{\pi}}{dt}\right)=-\frac{d\phi^{\pi}}{dt}-\phi^{\pi}div\ \boldsymbol{v}^{\pi}-\frac{\dot{m}_r^{\pi}}{\rho^{\pi}} \qquad \text{(II.72)}$$

En négligeant la variation de ϕ^{π} en fonction du temps et en multipliant par p^{π}, la dernière équation donne :

$$\phi^{\pi}\frac{p^{\pi}}{\rho^{\pi}}\frac{d\rho^{\pi}}{dt}=-\phi^{\pi}p^{\pi}div\ \boldsymbol{v}^{\pi}-\frac{p^{\pi}}{\rho^{\pi}}\dot{m}_r^{\pi} \qquad \text{(II.73)}$$

En remplaçant l'équation (II.73) dans l'équation (II.71), on obtient :

$$\sum_{\pi} m^{\pi}C_p^{\pi}\frac{dT}{dt}-\left(u^{\pi}+\frac{p^{\pi}}{\rho^{\pi}}\right)\dot{m}_r^{\pi}+div\left(\boldsymbol{q}\right)=\sum_{\pi} m^{\pi}C_p^{\pi}\frac{dT}{dt}-h^{\pi}\dot{m}_r^{\pi}+div\left(\phi^{\pi}\boldsymbol{q}\right)=0 \qquad \text{(II.74)}$$

Une écriture de l'équation (II.74), pour les trois phases $(\pi=l,g,s)$ du milieu, donne les trois expressions suivantes :

$$m^{s}C_p^{s}\frac{dT}{dt}=-h^{s}\dot{m}_{dehy}-div\left(\phi^{s}\boldsymbol{q}\right) \qquad \text{(II.75)}$$

$$m^{g}C_p^{g}\frac{dT}{dt}=-h^{v}\dot{m}_{vap}-div\left(\phi^{g}\boldsymbol{q}\right) \qquad \text{(II.76)}$$

$$m^{l}C_p^{l}\frac{dT}{dt}=h^{l}\left(\dot{m}_{vap}+\dot{m}_{dehy}\right)-div\left(\phi^{l}\boldsymbol{q}\right) \qquad \text{(II.77)}$$

En faisant la somme des trois équations (II.75), (II.76) et (II.77) l'équation de conservation d'énergie s'écrit alors :

$$\left(\rho C_p\right)_{eff}\frac{\partial T}{\partial t}+\left(m_l C_p^{l}\boldsymbol{v}^{l}+m_g C_p^{g}\boldsymbol{v}^{g}\right)\cdot \boldsymbol{gradT}+div\left(\boldsymbol{q}\right)=-\dot{m}_{vap}\Delta H_{vap}-\dot{m}_{dehy}\Delta H_{dehyd} \qquad \text{(II.78)}$$

Avec

$$\left(\rho C_P\right)_{eff} = (1-\phi)\rho^s C_P^s + \phi\left(S^l \rho^l C_P^l + \left(1-S^l\right)\left(\rho^a C_P^a + \rho^v C_P^v\right)\right) \qquad \text{(II.79)}$$

$$\Delta H_{vap} = h^v - h^l \qquad \text{(II.80)}$$

$$\Delta H_{dehy} = h^l - h^s \qquad \text{(II.81)}$$

Ainsi, les différentes hypothèses de base des deux approches ainsi que les différents développements ont été présentés.

II-4 Equations complémentaires

Les équations de conservations précédentes sont complétées par des équations supplémentaires permettant de compléter le problème posé de sorte que le nombre d'inconnus soit égal au nombre d'équations. Ces équations permettent notamment de relier, pour les fluides, les pressions aux masses volumiques (équations d'état), les flux aux pressions, concentrations ou températures (loi constitutive). En outre, il est nécessaire d'établir une relation traduisant l'équilibre thermodynamique entre la vapeur et l'eau liquide. Enfin une relation entre la saturation et la capillarité est nécessaire.

II-4.1 Equations d'état de l'eau liquide et du mélange gazeux

L'eau liquide est considérée incompressible. Ainsi sa masse volumique ρ^l dépend uniquement de la température (voir **Annexe D**). La vapeur, l'air sec et le mélange gazeux sont considérés comme des gaz parfaits, ce qui donne :

$$p^v = \frac{\rho^v RT}{M_l} \qquad \text{(II.82)}$$

$$p^a = \frac{\rho^a RT}{M_a} \qquad \text{(II.83)}$$

$$p^g = \frac{\rho^g RT}{M_g} \qquad \text{(II.84)}$$

avec, respectivement, p^π , ρ^π et M_π étant la pression, la masse volumique et la masse molaire de la phase considéré $(\pi = v, a, g)$. En outre, la pression et la masse volumique du mélange gazeux sont données en fonction des pressions et des densités partielles des constituants par :

$$p^g = p^v + p^a \qquad \text{(II.85)}$$

$$\rho^g = \rho^v + \rho^a \qquad \text{(II.86)}$$

ce qui donne:

$$\frac{1}{M_g}=\frac{c^v}{M_l}+\frac{c^a}{M_a} \tag{II.87}$$

où

$$c_i=\frac{\rho^i}{\rho^g} \tag{II.88}$$

est la concentration des constituants $(i=v,a)$ dans le mélange avec $c_v=1-c_a$

II-4.2 Loi de Fourrier

Dans l'équation d'énergie (II.78), le processus de conduction est décrit par la loi de Fourrier permettant de relier la température T au flux de chaleur $\boldsymbol{q}$ selon l'équation :

$$\boldsymbol{q}=-\lambda_{eff}\,\boldsymbol{grad}(T) \tag{II.89}$$

où λ_{eff} est la conductivité thermique effective qui est fonction de la température et du degré de saturation de l'eau liquide. L'expression de cette conductivité thermique est donnée en **Annexe D**.

II-4.3 Loi de Darcy

Pour un milieu poreux multiphasique, la loi de Darcy donne respectivement le flux massique de l'eau liquide $\boldsymbol{J}_l^P$ et de la phase gazeuse $\boldsymbol{J}_g^P$:

$$\boldsymbol{J}_l^P=S^l\phi\mathbf{v}_{l-s}=-\frac{Kk_{rl}}{\mu_l}\boldsymbol{grad}\,p^l \tag{II.90}$$

$$\boldsymbol{J}_g^P=S^g\phi\mathbf{v}_{g-s}=-\frac{Kk_{rg}}{\mu_g}\boldsymbol{grad}\,p^g \tag{II.91}$$

où μ_l et μ_g sont respectivement la viscosité de l'eau liquide et celle de la phase gazeuse et k_{rl} et k_{rg} sont les perméabilités relatives au liquide et au gaz respectivement. Les expressions de ces différentes perméabilités ainsi que celles des viscosités des phases fluides du milieu poreux sont données en **Annexe D**.

II-4.4 Loi de Fick

Le flux relatif de l'air $\boldsymbol{J}_a^D$ et de vapeur $\boldsymbol{J}_v^D$ dans le mélange par unité de surface du matériau et par unité de temps sont donnés par la loi de Fick :

$$J_a^D = m_a \mathbf{v}_{a-g} = -\frac{\rho^a}{c^a} D_{a-g} \, \boldsymbol{grad}\left(c^a\right) = -\rho^g D_{eff} \frac{M_l M_a}{\left(M_g\right)^2} \boldsymbol{grad}\left(\frac{p^a}{p^g}\right) \quad \text{(II.92)}$$

$$J_v^D = m_v \mathbf{v}_{v-g} = -\frac{\rho^v}{c^v} D_{v-g} \, \boldsymbol{grad}\left(c^v\right) = -\rho^g D_{eff} \frac{M_l M_a}{\left(M_g\right)^2} \boldsymbol{grad}\left(\frac{p^v}{p^g}\right) \quad \text{(II.93)}$$

avec $D_{\pi-g}$ est la diffusivité de la phase $\pi \left(\pi = a, v\right)$ dans un mélange air-vapeur et dans ce cas on a : $D_{a-g} = D_{v-g} = D_{eff}$ où D_{eff} est le coefficient de diffusivité dont l'expression est donné en **Annexe D**.

II-4.5 Equilibre liquide vapeur et capillarité

L'ensemble des équations précédentes de transport de chaleur et de masse est complété par :

- Une relation qui exprime l'équilibre thermodynamique entre l'eau liquide et la vapeur :

$$p^l = p^{vs}\left(T\right) + p^a + \frac{\rho^l\left(T\right)RT}{M^l}\ln\left(h_r\right) \quad \text{(II.94)}$$

où $h_r = \dfrac{p^v}{p^{vs}\left(T\right)}$ est l'humidité relative et $p^{vs}\left(T\right)$ est la pression de la vapeur saturante (voir **Annexe D**).

- Une isotherme de sorption-désorption qui permet de relier le degré de saturation en eau liquide S^l à la pression capillaire p^c donné par :

$$S^l\left(p^c\right) = \left[1 + \left(\frac{\left|p^c\right|}{B}\right)^{1/(1-A)}\right]^{-A} \quad \text{(II.95)}$$

avec $p^c = p^g - p^l$ et A et B sont des paramètres matériels déterminés expérimentalement .

II-5 Modèle final

Le modèle THM ainsi formé est constitué d'un système de cinq équations :

- trois équations de conservations de masse de l'eau liquide (II.26), l'eau vapeur (II.27) et de l'air sec (II.28)
- une équation de conservation d'énergie (II.78).
- une équation d'équilibre mécanique (II.35)

Après substitution des équations constitutives et des équations d'état des fluides, les inconnues du système sont les sept variables principales suivantes: le taux d'évaporation de l'eau liquide $\dot{m}_{vap}$, la pression de l'eau liquide p^l, la pression de la vapeur d'eau p^v, la pression de l'air sec p^a, la température T, la déformation ε et l'endommagement total D.

Afin d'éliminer le terme source $\dot{m}_{vap}$ des équations de conservation, il convient de combiner l'équation de conservation de l'eau liquide avec celle de la vapeur d'eau. Ainsi, le système d'équations se réduit à quatre équations. En outre, une relation entre p^l et p^v est obtenue à partir de l'équilibre thermodynamique entre l'eau liquide et la vapeur (équation (II.94)). L'endommagent thermique est calculé à partir de l'équation (II.8). Ainsi les variables d'état du système sont p^l, p^a, T, ε et D_M. La forme finale des différentes équations de conservations de masses est obtenue à partir des différentes relations constitutives considérées précédemment. On obtient ainsi :

Equation de conservation de l'eau (liquide +vapeur)

$$\begin{aligned} &C_{ll}\frac{\partial p^l}{\partial t}+C_{la}\frac{\partial p^a}{\partial t}+C_{lT}\frac{\partial T}{\partial t}+C_{lM}\frac{\partial D_M}{\partial t}+H_{lM}tr(\dot{\boldsymbol{\varepsilon}}) \\ &+div\left(H_{ll}\,\boldsymbol{grad}\ p^l\right)+div\left(H_{la}\,\boldsymbol{grad}\ p^a\right)+div\left(H_{lT}\,\boldsymbol{grad}\ T\right)=-\dot{m}_{dehy} \end{aligned} \qquad \text{(II.96)}$$

Equation de conservation de l'air sec

$$\begin{aligned} &C_{al}\frac{\partial p^l}{\partial t}+C_{aa}\frac{\partial p^a}{\partial t}+C_{aT}\frac{\partial T}{\partial t}+C_{aM}\frac{\partial D_M}{\partial t}+H_{aM}tr(\dot{\boldsymbol{\varepsilon}}) \\ &+div\left(H_{al}\,\boldsymbol{grad}\ p^l\right)+div\left(H_{aa}\,\boldsymbol{grad}\ p^a\right)+div\left(H_{aT}\,\boldsymbol{grad}\ T\right)=0 \end{aligned} \qquad \text{(II.97)}$$

Equation de conservation de l'énergie

$$\begin{aligned} &C_{Tl}\frac{\partial p^l}{\partial t}+C_{Ta}\frac{\partial p^a}{\partial t}+C_{TT}\frac{\partial T}{\partial t}+C_{TM}\frac{\partial D_M}{\partial t}+H_{TM}tr(\dot{\boldsymbol{\varepsilon}}) \\ &+div\left(H_{Tl}\,\boldsymbol{grad}\ p^l\right)+div\left(H_{TT}\,\boldsymbol{grad}\ p^a\right)+K_{TT}\,\boldsymbol{grad}\ T=0 \end{aligned} \qquad \text{(II.98)}$$

Equation d'équilibre

$$div\ \boldsymbol{\sigma}=0 \qquad \text{(II.99)}$$

Les expressions de tous les termes de couplage sont présentées dans **l'Annexe A-1.**

II-5.1 Implémentation numérique du modèle mécanique

Il s'agit, ici, d'un contexte thermo-hydro-mécanique. La modélisation adoptée dans ce travail de thèse nécessite la résolution des équations de transport et de l'équilibre mécanique. Ces équations non linéaires sont résolues numériquement avec la méthode des différences finies et la méthode des éléments finis respectivement (Alnajim, 2004). Pour notre modèle, nous considérons que les cas où les phénomènes de transport sont unidimensionnels, le comportement mécanique du béton pouvant être bi ou tri dimensionnel. L'implémentation numérique du modèle de transport est présentée en **Annexe A-2**. Nous présentons ici l'implémentation numérique du modèle mécanique. La résolution des équations (II.96), (II.97), (II.98), (II.99) à l'instant t^{n+1} permet de calculer la déformation totale $\boldsymbol{\varepsilon}_{n+1}$, l'humidité relative h_r^{n+1} et la température T^{n+1}. Ainsi, pour calculer la contrainte apparente $\boldsymbol{\sigma}^{n+1}$, on a besoin d'actualiser la contrainte effective $\tilde{\boldsymbol{\sigma}}^{n+1}$ et l'endommagement mécanique D_M^{n+1} sachant que la connaissance de T^{n+1} permet de calculer l'endommagement thermique D_T^{n+1} selon l'équation (II.8).

La contrainte effective à l'instant t^{n+1} peut être écrite comme :

$$\tilde{\boldsymbol{\sigma}}^{n+1} = \boldsymbol{E} : \left(\boldsymbol{\varepsilon}^{n+1} - \boldsymbol{\varepsilon}_p^{n+1} - \boldsymbol{\varepsilon}_{th}^{n+1} - \boldsymbol{\varepsilon}_{tc}^{n+1}\right) \tag{II.100}$$

avec

$$\begin{aligned}
\boldsymbol{\varepsilon}_{th}^{n+1} &= \boldsymbol{\varepsilon}_{th}^{n} + \Delta\boldsymbol{\varepsilon}_{th}^{n+1} = \boldsymbol{\varepsilon}_{th}^{n} + \alpha_{th}^{n+1}\Delta T^{n+1}\boldsymbol{\delta} \\
\boldsymbol{\varepsilon}_{tc}^{n+1} &= \boldsymbol{\varepsilon}_{tc}^{n} + \Delta\boldsymbol{\varepsilon}_{tc}^{n+1} = \boldsymbol{\varepsilon}_{tc}^{n} + \Delta w^{n+1}\boldsymbol{Q}^{n+1} : \tilde{\boldsymbol{\sigma}}^{n+1} \\
\boldsymbol{\varepsilon}_{p}^{n+1} &= \boldsymbol{\varepsilon}_{p}^{n} + \Delta\boldsymbol{\varepsilon}_{p}^{n+1} = \boldsymbol{\varepsilon}_{p}^{n} + \Delta\lambda_t\boldsymbol{\eta}_{n+1}^{F_t} + \Delta\lambda_c\boldsymbol{\eta}_{n+1}^{G_c}
\end{aligned} \tag{II.101}$$

où le symbole Δ donne l'incrémentation de la quantité respective, $\alpha_{th}^{n+1} = \alpha_{th}\left(T^{n+1}\right)$ est le coefficient de dilatation thermique à la température T^{n+1}, $\boldsymbol{\eta}_{n+1}^{F_t}$ et $\boldsymbol{\eta}_{n+1}^{G_c}$ sont les gradients de la fonction de charge et du potentiel plastique :

$$\begin{aligned}
\boldsymbol{\eta}_{n+1}^{F_t} &= \left.\frac{\partial F_t}{\partial \tilde{\boldsymbol{\sigma}}}\right|_{\tilde{\boldsymbol{\sigma}}^{n+1}} \\
\boldsymbol{\eta}_{n+1}^{G_c} &= \left.\frac{\partial G_c}{\partial \tilde{\boldsymbol{\sigma}}}\right|_{\tilde{\boldsymbol{\sigma}}^{n+1}}
\end{aligned} \tag{II.102}$$

et Δw^{n+1} est donné par :

$$\Delta w^{n+1} = \frac{\left(1 - D_T^{n+1}\right)\left(1 - D_M^{n}\right)}{f_c}\left(\alpha_{dc}^{n+1}\Delta h_r + \alpha_{hc}^{n+1}\Delta m_{dehy}\mathcal{H}\left(T^{n+1} - \hat{T}\right)\right) \tag{II.103}$$

où $\Delta h_r = h_r^{n+1} - h_r^{n}$ et Δm_{dehy} est donnée sous la forme exponentielle suivante :

$$\Delta m_{dehy} = \left(m_{eq}\left(T^{n+1}\right) - m_{dehy}^{n}\right)\left(1 - e^{-\Delta t^{n+1}/\tau_{dehy}}\right) \tag{II.104}$$

où $\Delta t^{n+1} = t^{n+1} - t^{n}$. Cette relation permet d'adapter les pas de temps sans affecter la précision de calcul de Δm_{dehy}.

La substitution l'équation (II.101) dans l'équation (II.100) permet de réécrire le tenseur de la contrainte effective comme :

$$\tilde{\boldsymbol{\sigma}}^{n+1} = \tilde{\boldsymbol{\sigma}}^{tr} - \boldsymbol{E} : \Delta\boldsymbol{\varepsilon}_p^{n+1} - \Delta w^{n+1}\boldsymbol{E} : \boldsymbol{Q}^{n+1} : \tilde{\boldsymbol{\sigma}}^{n+1} \quad \text{(II.105)}$$

où $\tilde{\boldsymbol{\sigma}}^{tr}$ est la contrainte prédicteur élastique dépendant des quantités connues :

$$\tilde{\boldsymbol{\sigma}}^{tr} = \boldsymbol{E} : \left(\boldsymbol{\varepsilon}^{n+1} - \boldsymbol{\varepsilon}_{th}^{n+1} - \boldsymbol{\varepsilon}_p^{n} - \boldsymbol{\varepsilon}_{tc}^{n}\right) \quad \text{(II.106)}$$

L'équation (II.105) peut être reformulée pour donner:

$$\tilde{\boldsymbol{\sigma}}^{n+1} = \tilde{\boldsymbol{\sigma}}_{tc}^{tr} - \boldsymbol{D}^{n+1} : \Delta\boldsymbol{\varepsilon}_p^{n+1} \quad \text{(II.107)}$$

et permet de construire un algorithme de type prédicteur élastique $\tilde{\boldsymbol{\sigma}}_{tc}^{tr}$ et correcteur plastique $\boldsymbol{D}^{n+1} : \Delta\boldsymbol{\varepsilon}_{n+1}^{p}$ modifié par le terme de fluage thermique transitoire dans lequel :

$$\tilde{\boldsymbol{\sigma}}_{tc}^{tr} = \boldsymbol{D}^{n+1} : \left(\boldsymbol{\varepsilon}^{n+1} - \boldsymbol{\varepsilon}_{th}^{n+1} - \boldsymbol{\varepsilon}_p^{n} - \boldsymbol{\varepsilon}_{tc}^{n}\right) \quad \text{(II.108)}$$

$$\boldsymbol{D}^{n+1} = \left(\boldsymbol{I} + \Delta w^{n+1}\boldsymbol{E} : \boldsymbol{Q}^{n+1}\right)^{-1} : \boldsymbol{E} \quad \text{(II.109)}$$

où $\boldsymbol{I} = \boldsymbol{\delta} \underline{\otimes} \boldsymbol{\delta}$ est le tenseur unité de quatrième ordre. En outre, le tenseur $\boldsymbol{D}^{n+1}$ a la même décomposition spectrale que le tenseur de rigidité élastique $\boldsymbol{E}$. Son expression, déterminée dans le cadre de ce travail, est donnée par l'**Annexe B-1** :

$$\boldsymbol{D}^{n+1} = \frac{1}{1+2(1+\gamma)\Delta w^{n+1}\mu}\left(\frac{\lambda + 6\gamma\Delta w^{n+1}\mu k}{1+3(1-2\gamma)\Delta w^{n+1}k}\boldsymbol{\delta}\otimes\boldsymbol{\delta} + 2\mu\boldsymbol{\delta}\,\overline{\underline{\otimes}}\,\boldsymbol{\delta}\right) \quad \text{(II.110)}$$

Dans l'équation (II.107), la seule inconnue est l'incrément de déformation plastique $\Delta\boldsymbol{\varepsilon}_p^{n+1}$. En adoptant un critère de Drucker en compression et un critère de Rankine en traction, l'incrément de déformation plastique est alors donné à l'instant t^{n+1} par :

$$\Delta\boldsymbol{\varepsilon}_p^{n+1} = \Delta\lambda_t^{n+1}\frac{\partial F_t}{\partial\tilde{\boldsymbol{\sigma}}^{n+1}} + \Delta\lambda_c^{n+1}\frac{\partial G_c}{\partial\tilde{\boldsymbol{\sigma}}^{n+1}} \quad \text{(II.111)}$$

En s'intéressant aux cas des déformations planes, l'écriture matricielle de l'équation (II.111) est donnée par :

$$\begin{aligned}\Delta\underline{\boldsymbol{\varepsilon}}_p^{n+1} &= \Delta\lambda_t^{n+1}\frac{\partial F_t}{\partial\underline{\tilde{\boldsymbol{\sigma}}}^{n+1}} + \Delta\lambda_c^{n+1}\frac{\partial G_c}{\partial\underline{\tilde{\boldsymbol{\sigma}}}^{n+1}} \\ &= \Delta\lambda_t^{n+1}\left(\frac{\underline{\underline{\boldsymbol{P}}}_t\,\underline{\tilde{\boldsymbol{\sigma}}}^{n+1}}{2\Psi_t^{n+1}} + \frac{\underline{\boldsymbol{\pi}}_t}{2}\right) + \Delta\lambda_c^{n+1}\left(\frac{\underline{\underline{\boldsymbol{P}}}_c\,\underline{\tilde{\boldsymbol{\sigma}}}^{n+1}}{2\Psi_c^{n+1}} + \alpha_g\underline{\boldsymbol{\pi}}_c\right)\end{aligned} \quad \text{(II.112)}$$

avec

$$\Psi_t^{n+1} = \left(1/2\left(\underline{\tilde{\boldsymbol{\sigma}}}^{n+1}\right)^{\boldsymbol{T}} \underline{\underline{\boldsymbol{P}}}_t \underline{\tilde{\boldsymbol{\sigma}}}^{n+1}\right)^{1/2}$$
$$\Psi_c^{n+1} = \left(1/2\left(\underline{\tilde{\boldsymbol{\sigma}}}^{n+1}\right)^{\boldsymbol{T}} \underline{\underline{\boldsymbol{P}}}_c \underline{\tilde{\boldsymbol{\sigma}}}^{n+1}\right)^{1/2} \qquad \text{(II.113)}$$

où $\underline{\tilde{\boldsymbol{\sigma}}}^{n+1} = \left(\tilde{\sigma}_{xx}^{n+1}, \tilde{\sigma}_{yy}^{n+1}, \tilde{\sigma}_{zz}^{n+1}, \tilde{\sigma}_{xy}^{n+1}\right)^T$ est le vecteur de contrainte effective, $\underline{\underline{\boldsymbol{P}}}_t$, $\underline{\underline{\boldsymbol{P}}}_c$, $\underline{\boldsymbol{\pi}}_t$ et $\underline{\boldsymbol{\pi}}_c$ sont des matrices et des vecteurs permettant de construire les gradients aux potentiels plastiques. Ils sont donnés par :

$$\underline{\underline{\boldsymbol{P}}}_t = \begin{bmatrix} 1/2 & -1/2 & 0 & 0 \\ -1/2 & 1/2 & 0 & 0 \\ 0 & 0 & 0 & 0 \\ 0 & 0 & 0 & 2 \end{bmatrix}, \quad \underline{\boldsymbol{\pi}}_t^T = \begin{bmatrix} 1 & 1 & 0 & 0 \end{bmatrix}, \qquad \text{(II.114)}$$

$$\underline{\underline{\boldsymbol{P}}}_c = \begin{bmatrix} 2 & -1 & -1 & 0 \\ -1 & 2 & -1 & 0 \\ -1 & -1 & 2 & 0 \\ 0 & 0 & 0 & 6 \end{bmatrix}, \quad \underline{\boldsymbol{\pi}}_c^T = \begin{bmatrix} 1 & 1 & 1 & 0 \end{bmatrix}. \qquad \text{(II.115)}$$

L'équation (II.112) permet de réécrire l'équation (II.107) sous la forme :

$$\underline{\tilde{\boldsymbol{\sigma}}}^{n+1} = \underline{\tilde{\boldsymbol{\sigma}}}_{tc}^{tr} - \underline{\underline{\boldsymbol{D}}}^{n+1}\left[\Delta\lambda_t^{n+1}\left(\frac{\underline{\underline{\boldsymbol{P}}}_t}{2\Psi_t^{n+1}}\underline{\tilde{\boldsymbol{\sigma}}}^{n+1} + \frac{\underline{\boldsymbol{\pi}}_t}{2}\right) + \Delta\lambda_c^{n+1}\left(\frac{\underline{\underline{\boldsymbol{P}}}_c}{2\Psi_c^{n+1}}\underline{\tilde{\boldsymbol{\sigma}}}^{n+1} + \alpha_g \underline{\boldsymbol{\pi}}_c\right)\right] \qquad \text{(II.116)}$$

ce qui par transposition donne :

$$\underline{\tilde{\boldsymbol{\sigma}}}^{n+1} = \left(\underline{\underline{\boldsymbol{A}}}^{n+1}\right)^{-1}\left(\underline{\tilde{\boldsymbol{\sigma}}}_{tc}^{tr} - \frac{\Delta\lambda_t^{n+1}}{2}\underline{\underline{\boldsymbol{D}}}^{n+1}\underline{\boldsymbol{\pi}}_t - \alpha_g \Delta\lambda_c^{n+1}\underline{\underline{\boldsymbol{D}}}^{n+1}\underline{\boldsymbol{\pi}}_c\right) \qquad \text{(II.117)}$$

avec :

$$\underline{\underline{\boldsymbol{A}}}^{n+1} = \underline{\underline{\boldsymbol{I}}} + \frac{\Delta\lambda_t^{n+1}}{2\Psi_t^{n+1}}\underline{\underline{\boldsymbol{D}}}^{n+1}\underline{\underline{\boldsymbol{P}}}_t + \frac{\Delta\lambda_c^{n+1}}{2\Psi_c^{n+1}}\underline{\underline{\boldsymbol{D}}}^{n+1}\underline{\underline{\boldsymbol{P}}}_c \qquad \text{(II.118)}$$

La relation (II.117) ne permet pas de calculer explicitement l'état de contrainte, car les termes Ψ_t^{n+1} et Ψ_c^{n+1} intervenant dans le calcul de la matrice $\underline{\underline{\boldsymbol{A}}}^{n+1}$ dépendent de cet état de contrainte. Cette relation peut être explicitée en considérant que les critères sont satisfaits par l'état de contrainte et d'écrouissage au pas $n+1$:

$$F_i\left(\underline{\tilde{\boldsymbol{\sigma}}}^{n+1},\kappa_i^{n+1},T^{n+1}\right)=0 \tag{II.119}$$

avec $i=t,c$. On obtient alors :

$$\Psi_c^{n+1}=\beta\tilde{\tau}_c\left(\kappa_c^{n+1},T^{n+1}\right)-\alpha_f\underline{\boldsymbol{\pi}}_c^T\underline{\tilde{\boldsymbol{\sigma}}}^{n+1} \tag{II.120}$$

$$\Psi_t^{n+1}=\tilde{\tau}_t\left(\kappa_t^{n+1},T^{n+1}\right)-\frac{1}{2}\underline{\boldsymbol{\pi}}_t^T\underline{\tilde{\boldsymbol{\sigma}}}^{n+1} \tag{II.121}$$

Pour rendre la relation de mise à jour de la contrainte explicite, il est donc nécessaire de rendre les Ψ_i^{n+1} indépendants de $\underline{\tilde{\boldsymbol{\sigma}}}^{n+1}$. On commence par calculer les $\underline{\boldsymbol{\pi}}_i^T\underline{\tilde{\boldsymbol{\sigma}}}^{n+1}$ en multipliant l'équation (II.117) par $\underline{\boldsymbol{\pi}}_i^T$:

$$\begin{aligned}\underline{\boldsymbol{\pi}}_i^T\underline{\tilde{\boldsymbol{\sigma}}}^{n+1}=\underline{\boldsymbol{\pi}}_i^T\underline{\tilde{\boldsymbol{\sigma}}}_{tc}^{tr}-\Delta\lambda_t^{n+1}&\left(\frac{\underline{\boldsymbol{\pi}}_i^T\underline{\underline{\boldsymbol{D}}}^{n+1}\underline{\underline{\boldsymbol{P}}}_t}{2\Psi_t^{n+1}}\underline{\tilde{\boldsymbol{\sigma}}}^{n+1}+\frac{\underline{\boldsymbol{\pi}}_i^T\underline{\underline{\boldsymbol{D}}}^{n+1}\underline{\boldsymbol{\pi}}_t}{2}\right)\\-\Delta\lambda_c^{n+1}&\left(\frac{\underline{\boldsymbol{\pi}}_i^T\underline{\underline{\boldsymbol{D}}}^{n+1}\underline{\underline{\boldsymbol{P}}}_c}{2\Psi_c^{n+1}}\underline{\tilde{\boldsymbol{\sigma}}}^{n+1}+\alpha_g\underline{\boldsymbol{\pi}}_i^T\underline{\underline{\boldsymbol{D}}}^{n+1}\underline{\boldsymbol{\pi}}_c\right)\end{aligned} \tag{II.122}$$

En exploitant les propriétés des produits $\underline{\boldsymbol{\pi}}_i^T\underline{\underline{\boldsymbol{D}}}^{n+1}\underline{\underline{\boldsymbol{P}}}_j$ et $\underline{\boldsymbol{\pi}}_i^T\underline{\underline{\boldsymbol{D}}}^{n+1}\underline{\boldsymbol{\pi}}_j$ (**Annexe B-2**), on obtient dans le cas des **déformations planes :**

En compression :

$$\underline{\boldsymbol{\pi}}_c^T\underline{\tilde{\boldsymbol{\sigma}}}^{n+1}=\underline{\boldsymbol{\pi}}_c^T\underline{\tilde{\boldsymbol{\sigma}}}_{tc}^{tr}-\left(D_{11}+2D_{12}\right)\left(\Delta\lambda_t^{n+1}+3\alpha_g\Delta\lambda_c^{n+1}\right) \tag{II.123}$$

ce qui permet de rendre l'équation (II.120) indépendante de la contrainte $\underline{\tilde{\boldsymbol{\sigma}}}^{n+1}$:

$$\Psi_c^{n+1}=\beta\tilde{\tau}_c\left(\kappa_c^{n+1},\theta^{n+1}\right)-\alpha_f\left[\underline{\boldsymbol{\pi}}_c^T\underline{\tilde{\boldsymbol{\sigma}}}_{tc}^{tr}-\left(D_{11}+2D_{12}\right)\left(\Delta\lambda_t^{n+1}+3\alpha_g\Delta\lambda_c^{n+1}\right)\right] \tag{II.124}$$

En traction :

$$\begin{aligned}\underline{\boldsymbol{\pi}}_t^T\underline{\tilde{\boldsymbol{\sigma}}}^{n+1}=\underline{\boldsymbol{\pi}}_t^T\underline{\tilde{\boldsymbol{\sigma}}}_{tc}^{tr}-\left(D_{11}+D_{12}\right)\Delta\lambda_t^{n+1}-\left(D_{11}-D_{12}\right)\frac{\Delta\lambda_c^{n+1}}{2\Psi_c^{n+1}}\underline{\boldsymbol{Z}}\underline{\tilde{\boldsymbol{\sigma}}}^{n+1}\\-2\alpha_g\left(D_{11}+2D_{12}\right)\Delta\lambda_c^{n+1}\end{aligned} \tag{II.125}$$

avec $\underline{\boldsymbol{Z}}=\begin{bmatrix}1 & 1 & -2 & 0\end{bmatrix}$.

De façon similaire, la relation (II.116) permet de calculer le produit $\boldsymbol{Z}\tilde{\boldsymbol{\sigma}}^{n+1}$:

$$\underline{\underline{Z}}\underline{\tilde{\sigma}}^{n+1} = \underline{\underline{Z}}\underline{\tilde{\sigma}}_{tc}^{tr} - \Delta\lambda_t^{n+1}\left(\frac{\underline{\underline{Z}}\,\underline{\underline{D}}^{n+1}\underline{\underline{P}}_t}{2\Psi_t^{n+1}}\underline{\tilde{\sigma}}^{n+1} + \frac{\underline{\underline{Z}}\,\underline{\underline{D}}^{n+1}\underline{\pi}_t}{2}\right) - \Delta\lambda_c^{n+1}\left(\frac{\underline{\underline{Z}}\,\underline{\underline{D}}^{n+1}\underline{\underline{P}}_c}{2\Psi_c^{n+1}}\underline{\tilde{\sigma}}^{n+1} + \alpha_g\underline{\underline{Z}}\,\underline{\underline{D}}^{n+1}\underline{\pi}_c\right) \quad \text{(II.126)}$$

Les propriétés des produits $\underline{\underline{Z}}\,\underline{\underline{D}}^{n+1}\underline{\underline{P}}_i$ et $\underline{\underline{Z}}\,\underline{\underline{D}}^{n+1}\underline{\pi}_i$ (**Annexe B-2**) permettent d'établir :

$$\underline{\underline{Z}}\underline{\tilde{\sigma}}^{n+1} = \underline{\underline{Z}}\underline{\tilde{\sigma}}_{tc}^{tr} - (D_{11} - D_{12})\Delta\lambda_t^{n+1} - 3(D_{11} - D_{12})\frac{\Delta\lambda_c^{n+1}}{2\Psi_c^{n+1}}\underline{\underline{Z}}\,\underline{\tilde{\sigma}}^{n+1} \quad \text{(II.127)}$$

ce qui donne :

$$\underline{\underline{Z}}\underline{\tilde{\sigma}}^{n+1} = \left(1 + 3(D_{11} - D_{12})\frac{\Delta\lambda_c^{n+1}}{2\Psi_c^{n+1}}\right)^{-1}\left(\underline{\underline{Z}}\underline{\tilde{\sigma}}_{tc}^{tr} - (D_{11} - D_{12})\Delta\lambda_t^{n+1}\right) \quad \text{(II.128)}$$

En substituant l'équation (II.128) dans l'équation (II.125), le produit $\underline{\pi}_t^T\underline{\tilde{\sigma}}^{n+1}$ devient alors indépendant de l'état de contrainte $\underline{\tilde{\sigma}}^{n+1}$:

$$\underline{\pi}_t^T\underline{\tilde{\sigma}}^{n+1} = \underline{\pi}_t^T\underline{\tilde{\sigma}}_{tc}^{tr} - (D_{11} + D_{12})\Delta\lambda_t^{n+1} - 2\alpha_g(D_{11} + 2D_{12})\Delta\lambda_c^{n+1} - (D_{11} - D_{12})\frac{\Delta\lambda_c^{n+1}}{2\Psi_c^{n+1}}\left(1 + 3(D_{11} - D_{12})\frac{\Delta\lambda_c^{n+1}}{2\Psi_c^{n+1}}\right)^{-1}\left(\underline{\underline{Z}}\underline{\tilde{\sigma}}_{tc}^{tr} - (D_{11} - D_{12})\Delta\lambda_t^{n+1}\right) \quad \text{(II.129)}$$

qui peut également s'écrire :

$$\underline{\pi}_t^T\underline{\tilde{\sigma}}^{n+1} = \underline{\pi}_t^T\underline{\tilde{\sigma}}_{tc}^{tr} - (D_{11} + D_{12})\Delta\lambda_t^{n+1} - 2\alpha_g(D_{11} + 2D_{12})\Delta\lambda_c^{n+1} + \frac{1}{3}\left(1 - 1 - 3(D_{11} - D_{12})\frac{\Delta\lambda_c^{n+1}}{2\Psi_c^{n+1}}\right)\left(1 + 3(D_{11} - D_{12})\frac{\Delta\lambda_c^{n+1}}{2\Psi_c^{n+1}}\right)^{-1}\left(\underline{\underline{Z}}\underline{\tilde{\sigma}}_{tc}^{tr} - (D_{11} - D_{12})\Delta\lambda_t^{n+1}\right) \quad \text{(II.130)}$$

ce qui donne finalement :

$$\underline{\pi}_t^T\underline{\tilde{\sigma}}^{n+1} = \underline{\pi}_t^T\underline{\tilde{\sigma}}_{tc}^{tr} - (D_{11} + D_{12})\Delta\lambda_t^{n+1} - 2\alpha_g(D_{11} + 2D_{12})\Delta\lambda_c^{n+1} - \frac{1}{3}\left[1 - \left(1 + 3(D_{11} - D_{12})\frac{\Delta\lambda_c^{n+1}}{2\Psi_c^{n+1}}\right)^{-1}\right]\left(\underline{\underline{Z}}\underline{\tilde{\sigma}}_{tc}^{tr} - (D_{11} - D_{12})\Delta\lambda_t^{n+1}\right) \quad \text{(II.131)}$$

La substitution de la relation (II.131) dans la relation (II.121) permet de rendre celle-ci dépendant uniquement de $\underline{\tilde{\sigma}}_{tc}^{tr}$ et des $\Delta\lambda_i^{n+1}$:

$$\begin{aligned}\Psi_t^{n+1} &= \tilde{\tau}_t\left(\kappa_t^{n+1},T^{n+1}\right)-\frac{1}{2}\underline{\boldsymbol{\pi}}_t^T\tilde{\underline{\boldsymbol{\sigma}}}_{tc}^{tr}-\frac{D_{11}+D_{12}}{2}\Delta\lambda_t^{n+1}-\alpha_g\left(D_{11}+2D_{12}\right)\Delta\lambda_c^{n+1}\\ &-\frac{1}{6}\left(\frac{3\left(D_{11}-D_{12}\right)\Delta\lambda_c^{n+1}}{2\Psi_c^{n+1}+3\left(D_{11}-D_{12}\right)\Delta\lambda_c^{n+1}}\right)\left(\underline{\boldsymbol{Z}}\tilde{\underline{\boldsymbol{\sigma}}}_{tc}^{tr}-\left(D_{11}-D_{12}\right)\Delta\lambda_t^{n+1}\right)\end{aligned} \qquad \text{(II.132)}$$

En substituant les relations (II.124) et (II.132) dans la relation (II.116), les $\Delta\lambda_i^{n+1}$ deviennent les seules inconnues du problème. Celles-ci sont calculées par le biais des critères de plasticité actifs. En effet, les critères doivent être satisfaits au pas de temps n+1 (voir le système d'équations (II.119)). Étant donné que les contraintes $\tilde{\underline{\boldsymbol{\sigma}}}^{n+1}$ et les variables d'écrouissage (voir les équations (II.19) et (II.20)) sont fonctions des multiplicateurs plastiques $\Delta\lambda_c^{n+1}, \Delta\lambda_t^{n+1}$, le système d'équations (II.119) peut se mettre sous la forme :

$$\begin{cases} F_t^{n+1}\left(\Delta\lambda_t^{n+1},\Delta\lambda_c^{n+1}\right)=0\\ F_c^{n+1}\left(\Delta\lambda_t^{n+1},\Delta\lambda_c^{n+1}\right)=0\end{cases} \qquad \text{(II.133)}$$

La résolution de ce système d'équations non linéaires ne peut pas s'effectuer de façon analytique. Ainsi une méthode numérique itérative est utilisée. Celle-ci est décrite en **Annexe C**.

Une fois que le système d'équations (II.133) est résolu, les multiplicateurs plastiques $\Delta\lambda_c^{n+1}, \Delta\lambda_t^{n+1}$ sont alors connus. Les contraintes effectives $\tilde{\underline{\boldsymbol{\sigma}}}^{n+1}$ sont mises alors à jour à l'aide de l'équation (II.116).

De plus, les variables d'écrouissage au pas de temps n+1 sont calculées à l'aide du système d'équations (II.19) et (II.20), ce qui permet de connaître les variables d'endommagement en compression D_{Mc}^{n+1} et en traction D_{Mt}^{n+1} (équation (II.10)).

Finalement les contraintes apparentes peuvent être déterminées (équations (II.1) et (II.2)):

$$\underline{\boldsymbol{\sigma}}^{n+1}=\left(1-D_T^{n+1}\right)\left(1-D_M^{n+1}\right)\tilde{\underline{\boldsymbol{\sigma}}}^{n+1} \qquad \text{(II.134)}$$

II-5.2 Conditions initiales et conditions aux limites

Le système d'équations régissant le problème THM requiert la définition des conditions initiales et aux limites. Il s'agit d'imposer une valeur initiale et des conditions aux bords pour chaque variable principale qui forme le système d'équations.

En particulier, les conditions initiales donnent les valeurs des variables à l'instant $t=0$ sur le domaine Ω et sur sa frontière Σ :

$$\left.\begin{aligned} p^a(t=0) &= p_0^a,\\ p^l(t=0) &= p_0^l,\\ T(t=0) &= T_0,\\ \mathbf{u}(t=0) &= \mathbf{u}_0,\end{aligned}\right\} \text{ sur } \left(\Omega\cup\boldsymbol{\Gamma}\right) \qquad \text{(II.135)}$$

En ce qui concerne les conditions aux limites, on peut donner les conditions de type Dirichlet sur $\Sigma_i\left(i=a,l,T\right)$:

$$\begin{aligned} p^a\left(t\right) &= p_t^a \text{ sur } \Sigma_a \\ p^l\left(t\right) &= p_t^l \text{ sur } \Sigma_l \\ T\left(t\right) &= T_t \text{ sur } \Sigma_T \\ \mathbf{u}\left(t\right) &= \mathbf{u}_t \text{ sur } \Sigma_u \end{aligned} \quad \text{(II.136)}$$

où de type Neumman sur $\mathbf{\Gamma}_i^q\left(i=a,l,T,u\right)$:

$$\left(\rho^a\mathbf{v}_{g-s}+\rho^g\mathbf{v}_{v-g}\right)\cdot\boldsymbol{n}=q^a\text{sur } \Sigma_a^q \quad \text{(II.137)}$$

$$\left(\rho^v\mathbf{v}_{g-s}+\rho^l\mathbf{v}_{l-s}+\rho^v\mathbf{v}_{v-g}\right)\cdot\boldsymbol{n}=q^l+q^v+\beta_c(\rho^v-\rho_\infty^v) \text{ sur } \Sigma_l^q \quad \text{(II.138)}$$

$$\left(\rho^l\mathbf{v}_{l-s}\Delta H_{vap}-\lambda_{eff}\nabla T\right)\cdot\boldsymbol{n}=q^T+\alpha_c\left(T-T_\infty\right)+e\sigma_0\left(T^4-T_\infty^4\right) \text{ sur } \Sigma_T^q \quad \text{(II.139)}$$

$$\boldsymbol{\sigma}\cdot\boldsymbol{n} = \mathbf{t} \text{ sur } \mathbf{\Gamma}_u^q \quad \text{(II.140)}$$

avec $\Sigma=\Sigma_i\cup\Sigma_i^q$, $\boldsymbol{n}$ vecteur normale sortante, q^a, q^v, q^l et q^T sont respectivement le flux imposé, d'air, de vapeur, de liquide et de température; T_∞ et ρ_∞^v sont la température et la masse volumique de la vapeur d'eau à grande distance, α_c et β_c sont respectivement le coefficient d'échange de chaleur et de masse par convection, e est l'émissivité à l'interface et σ_0 est la constante de Stefan-Boltzmann.

II-6 Comparaison numérique entre les modèles THC

Le but de cette simulation est de pouvoir comparer numériquement les deux modèles THC précédemment présentés. Ces deux modèles diffèrent par l'équation de conservation d'énergie. Le modèle basé sur l'approche proposée par Ehrlacher (200) et Coussy (2004) sera noté modèle 1 et celui basé sur l'approche proposée par Schrefler (1998) sera noté modèle 2.
L'exemple de la simulation traite le cas d'un mur de béton d'épaisseur égale à 12 cm discrétisé en 24 éléments (voir Figure II-3). La discrétisation est plus fine du coté chauffé.

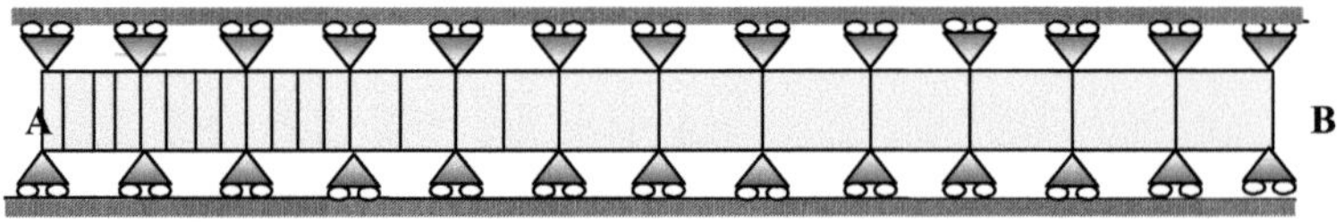

Figure II-3. Discrétisation unidimensionnelle le long de l'épaisseur du mur

Conditions initiales et aux limites

Les conditions initiales sont imposées sur les variables principales. En particulier, on a imposé la température initiale $T = 293.15\ K$, la pression du gaz égale à la pression atmosphérique, le degré de saturation $S^l = 64\%$, la porosité initiale $\phi_0 = 0.1$ et la perméabilité intrinsèque $K = 10^{-19} m^2$. Ces valeurs initiales ainsi que d'autres propriétés sont résumées dans le Tableau II-1.

Masse volumique du squelette solide $\rho^s \left[kg/m^3\right]$	2596
Degré de saturation $S^l\left[-\right]$	0,64
Porosité $\phi_0\left[-\right]$	0.1
Perméabilité intrinsèque $K\left[m^2\right]$	10^{-19}
Conductivité thermique du matériau sec $\lambda_{d0}\left[W/m\cdot K\right]$	1.67
Chaleur spécifique volumique du squelette solide $C_{ps0}\left[J/Kg\cdot K\right]$	810

Tableau II-1. Conditions initiales du modèle THC

En ce qui concerne les conditions aux limites, nous avons imposé sur la face A la température ISO dont l'équation est donnée par :

$$T = 293.15 + 345\times\log(8\times t+1)\ \ [K] \qquad \text{(II.141)}$$

où t est le temps en min. Sur la même face, des flux d'échange convectif et radiatif avec l'extérieur sont également imposés. Leurs coefficients d'échange respectifs sont $\alpha_c = 18\left[WKm^{-2}\right]$ et $e\times\sigma_0 = 5.1\times10^{-8}\ W\ K^{-4}m^{-2}$. Pour l'échange de masse, un flux d'échange massique est imposé avec une masse volumique correspondant à une pression de vapeur d'eau $p^v = 1100 Pa$. Le coefficient d'échange massique est $\beta_c = 0.018\left[m/s\right]$ et cette valeur de la pression est également imposée sur la même face. Les conditions aux limites sont résumées dans le tableau suivant :

Face	Variables	Valeurs et coefficients
A	p^a	$p^a = 99000 Pa$
	p^v	$p^v = 1100 Pa$ $\beta_c = 0.018[m/s]$
	T	$T = TISO$ [°C], $\alpha_c = 18[WKm^{-2}]$
		$e \times \sigma_0 = 5.1 \times 10^{-8}\ W\ K^{-4} m^{-2}$
B	p^a	$p^a = 99000 Pa$
	p^v	$p^v = 1100 Pa$
	T	$T = 25$ °C

Tableau II-2. Conditions aux limites du modèle THC

Comparaison entre les deux modèles

La simulation a été conduite pendant les 20 premières minutes avec un pas de temps égal à une seconde. Sur la Figure II-4 et la Figure II-5, on représente, respectivement, l'évolution de la température et de la pression de vapeur d'eau au sein du mur pour les deux modèles.

A partir de ces courbes, on note que la température et la pression du gaz du premier modèle sont plus importantes que celles du deuxième modèle. En plus, le front des pics des pressions n'évolue pas de la même manière. Ceci peut avoir une incidence significative sur la profondeur de la zone endommagée. Pour le premier modèle, on a, à 20 min, une température maximale $T^1_{\max} = 854°K$ et une pression maximale $p^1_{\max g} = 3.29\ MPa$. Par contre pour le deuxième modèle on a : $T^2_{\max} = 777°K$ et $p^2_{\max g} = 2.42\ MPa$. Cette différence est due aux termes de couplages C_{Tl} et C_{TT} qui apparaissent dans la discrétisation uniaxiale des équations d'énergie de chaque modèle.

$$C^1_{Tl}\frac{\partial p^l}{\partial t} + C^1_{Ta}\frac{\partial p^a}{\partial t} + C^1_{TT}\frac{\partial T}{\partial t} + \frac{\partial}{\partial x}\left(C^1_{Tl}\frac{\partial p^l}{\partial x} + C^1_{Ta}\frac{\partial p^a}{\partial x} + C^1_{TT}\frac{\partial T}{\partial x}\right) = 0 \quad \text{(II.142)}$$

$$C^2_{Tl}\frac{\partial p^l}{\partial t} + C^2_{Ta}\frac{\partial p^a}{\partial t} + C^2_{TT}\frac{\partial T}{\partial t} + \frac{\partial}{\partial x}\left(C^2_{Tl}\frac{\partial p^l}{\partial x} + C^2_{TT}\frac{\partial T}{\partial x}\right) + K_{TT}\frac{\partial T}{\partial x} = 0 \quad \text{(II.143)}$$

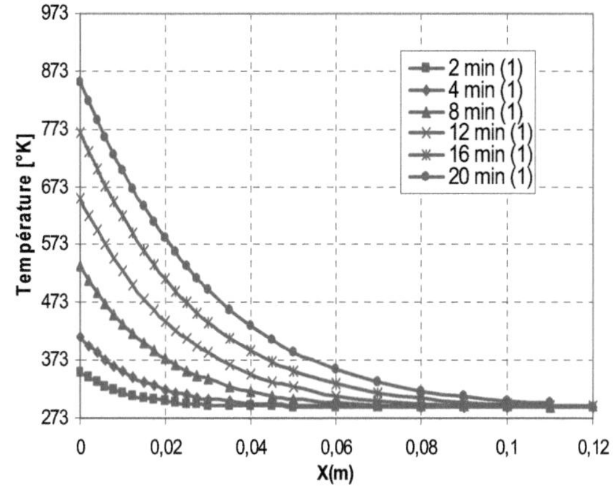

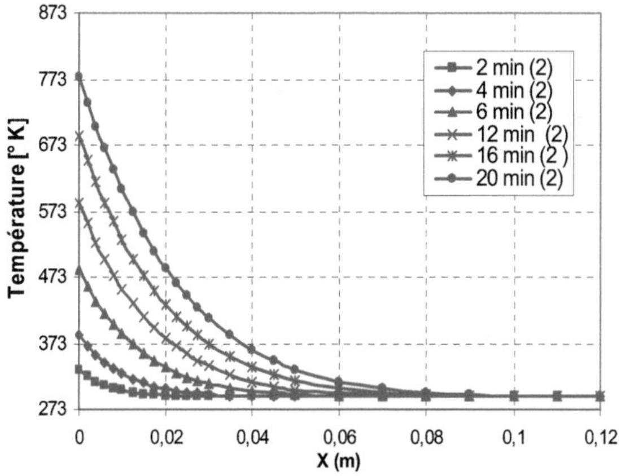

Figure II-4. Evolution de la température en haut (1er modèle) en bas (2ème modèle)

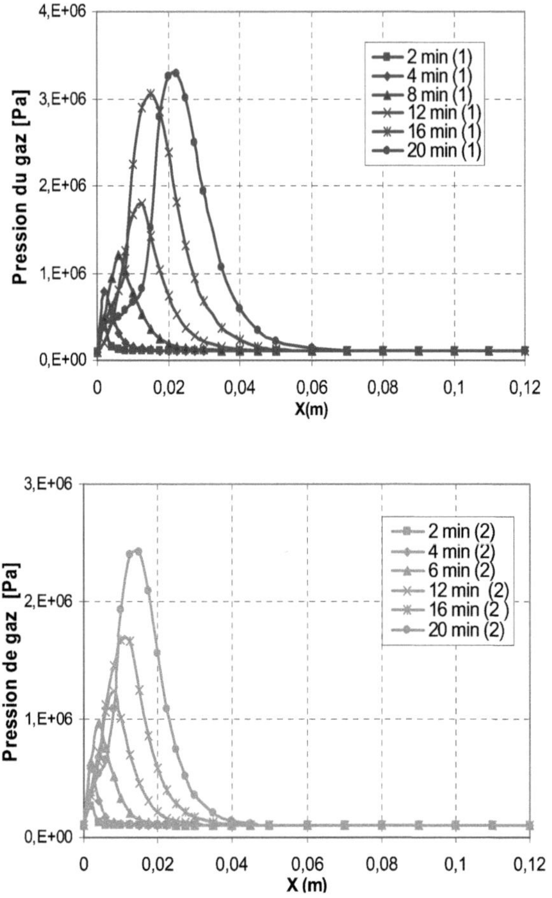

Figure II-5. Evolution de la pression de gaz en haut (1er modèle) en bas (2ème modèle)

En effet, quand on remplace ces termes de couplages d'un modèle par ceux du deuxième, la distribution de la température obtenue par chacun des modèles ainsi modifié (noté i-bis avec $i=1$ ou $i=2$) est très proche de celle du modèle intact j avec $j=2$ ou $j=1$ (Figure II-6). La différence maximale de température est égale à 20°C.

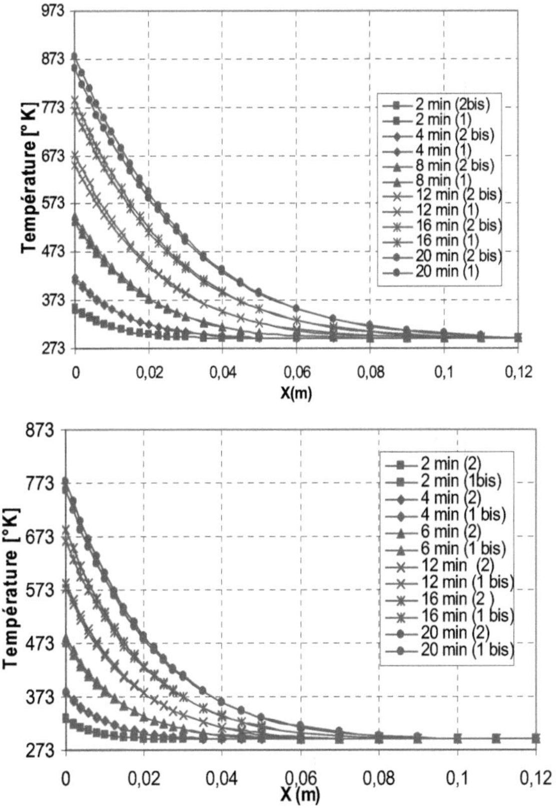

Figure II-6. Evolution de la température pour chaque modèle

En outre, les termes de coulage C_{Tl} et C_{TT} sont principalement composés de:

- un terme relié à la chaleur spécifique volumique du squelette solide (équation (II.79)) : $(1-\phi)\rho^s C_p^s$ pour le premier modèle et $m_0^{hyd} C_p^{hyd} + m^{ag} C_p^{ag}$ pour le deuxième.
- un terme relié à l'eau liquide due au changement eau-vapeur Δh_{vap} (équation (II.78)) pour le premier modèle et l'énergie interne de l'eau liquide $\left(-u^l\right)$ pour le deuxième.

Ces termes ont la contribution numérique la plus importante dans le cas considéré. Par conséquent, nous représentons sur la Figure II-7 la distribution de la température donnée par chaque modèle sous sa forme originale et celui où les termes C_{Tl} et C_{TT} sont remplacés par leurs termes ayant la plus grande contribution numérique décrits ci-dessous (Sabeur & Meftah, 2005).

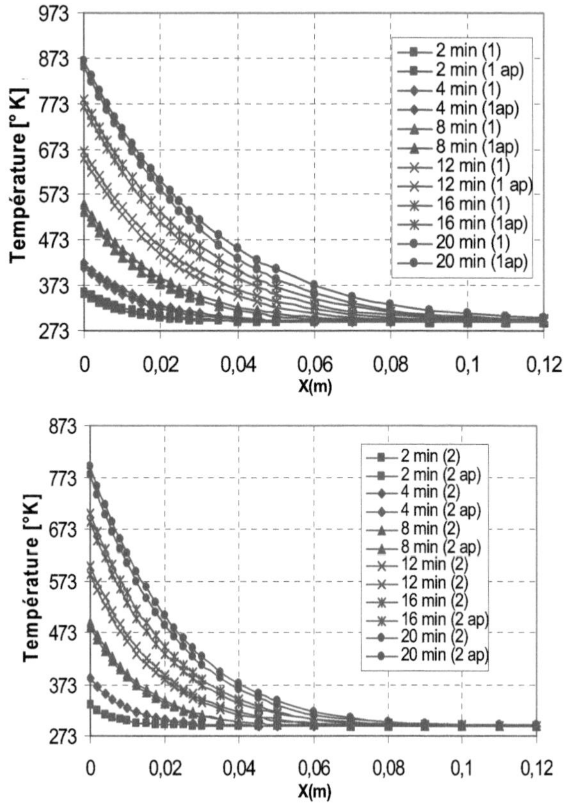

Figure II-7. Comparaison entre les températures des modèles (1/1ap) et les modèles (2/2a)

Dans la suite de ce travail de thèse, ce sont les résultats donnés par le modèle basé sur l'approche proposée par Schrefler (modèle 2). En effet, ce dernier a été déjà utilisé lors de la thèse de Alnajim (2004) donnant une bonne concordance avec les résultats expérimentaux.

II-7 CONCLUSION

Dans la première partie de ce chapitre, un nouveau modèle de comportement du béton à de hautes températures pour la prédiction du fluage thermique transitoire depuis son élaboration jusqu'à son implémentation dans un code d'éléments finis a été présenté. En effet, le transfert de chaleur, le transport d'eau liquide/vapeur et d'air sec ainsi que les changements de phases et les phénomènes capillaires ont été pris en charge. En ce qui concerne la mécanique, le modèle a été formulé dans le cadre de la théorie de l'endommagement couplé à la plasticité pour la description du comportement non linéaire du béton sous chargements thermo-mécanique. En effet, la plasticité adoucissante a été considérée comme étant le moteur de l'ouverture et le développement des fissures tandis que l'endommagement traduisait la dégradation de la rigidité du matériau.

Afin de reproduire correctement le comportement du béton en compression et en traction, un critère multi surfaces de plasticité a été utilisé pour décrire le comportement non symétrique du béton en compression et en traction.
L'endommagement, quand à lui, a été décomposé en deux parties : un endommagement d'origine thermique et un deuxième d'origine mécanique. Le premier est dû aux changements physico chimiques dans le squelette solide par augmentation de la température. Le deuxième est causé par l'initiation et l'augmentation des microfissures qui sont dues aux différentes contraintes appliquées au squelette solide.

Pour le fluage thermique transitoire, nous avons proposé une nouvelle modélisation où cette déformation est décomposée en fluage de dessiccation étendu aux températures élevées et en une composante originalement introduite de fluage de déshydratation. Une variable de déshydratation a été introduite afin de contrôler le fluage de déshydratation pour des températures inférieures à 400°C et des taux de contraintes inférieurs à 40% de la résistance à la compression. Ce nouveau modèle permet de reproduire l'irréversibilité du fluage thermique transitoire et son absence pour un deuxième cycle de chauffage. En outre, le fluage de déshydratation est contrôlé par la cinétique du processus de déshydratation. La preuve de cette hypothèse ainsi que l'identification des deux paramètres de fluage de dessiccation α_{dc} et de la déshydratation α_{hc} sera l'objectif du chapitre suivant concernant la compagne expérimentale.

La deuxième partie de ce chapitre a été consacrée à une étude comparative entre deux modèles THC qui diffèrent par la forme finale de l'équation de l'énergie. Une étude descriptive des différentes hypothèses de base des deux approches ainsi que des différentes démarches et considérations théoriques a été présentée. Cette étude comparative a été complétée par une simulation numérique sur un mur de béton soumis aux conditions standard d'un feu d'incendie permettant de comprendre les origines des différences entre les deux modèles. Il s'est avéré que les termes qui font la différence sont ceux reliés à la chaleur spécifique volumique du squelette solide et les termes reliés à l'eau liquide.

CHAPITRE III IDENTIFICATION EXPERIMENTALE

III-1 Introduction

Afin de pouvoir identifier les deux paramètres α_{dc} du fluage de dessiccation et α_{hc} du fluage de déshydratation de l'équation (II.61), une campagne expérimentale a été réalisée. Cette campagne est divisée en deux parties. La première s'intéressera à l'étude de la déformation du fluage thermique transitoire sur des éprouvettes de béton à haute performance. Par ailleurs, la deuxième sera consacrée à la détermination du temps caractéristique τ_{dehy} et à loi d'évolution de la masse de déshydratation à l'équilibre $m_{eq}(T)$ de l'équation (II.22) à travers des essais ATD/ATG et un essai de perte de masse sur de la poudre de pâte de ciment du même BHP utilisé dans les essais de fluage thermique transitoire.

III-2 Essais de fluage thermique transitoire

III-2.1 Introduction

La première partie de notre campagne expérimentale s'intéresse au cas de l'étude du fluage thermique transitoire du béton à haute performance M100FS en conditions accidentelles à de hautes températures (jusqu'à des températures allant à 400°C). Une charge constante égale à 20% de la résistance à la compression sera appliquée. Ce choix de la valeur de la charge est simplement dû au fait que, c'est cette valeur qui a été utilisée dans des travaux antérieurs pour des conditions de service (Colina 2000, 2004). Le chauffage sera appliqué à une vitesse de 1.5°C/min avec 4 paliers de températures maintenues pendant 24 h afin d'assurer la stabilisation des différentes réactions physico-chimiques se produisant au sein du béton.

Dans un premier lieu, nous nous intéressons à la composition et la fabrication des éprouvettes Ø16 × 64 dans des moules spécialement conçus pour l'essai. Ensuite, les résultats expérimentaux de la variation de la déformation totale et de la déformation thermique libre en fonction du temps et de la température sont présentés. La variation de la déformation élastique est obtenue par un cycle de charge-décharge de 2 min de durée à la fin de chaque palier de température. Ces déformations permettent de calculer le fluage thermique transitoire. L'existence de cette dernière déformation est vérifiée même pour de faibles taux de chargement.

III-2.2 Composition du béton BHP 100FS

III-2.2.1 Formulation

La composition du béton BHP 100FS est basée sur celle réalisée pour les besoins du projet BHP 2000 par le LCPC (De Larrard et *al*, 1996). Les quantités nécessaires de matériau pour former un m^3 du béton BHP 100FS sont données par le tableau suivant:

Dosage (kg/m^3)	1000
Sable de Seine 0/4	432
Sable du Boulonnais 0/5	439
Gravillon du Boulonnais 5/12,5	488
Gravillon du Boulonnais 12,5/20	561
Ciment CEM I 52,5	377
Fumée de silice	37.8
Superplastifiant Résine GT	12.5
Retardateur Chrysotard	2.6
Eau	124

Tableau III-1. Composition du béton BHP 100 FS

Cependant, à cause de l'humidité, les granulats présentent une masse d'eau dont le pourcentage est donné par le deuxième tableau. Cette quantité d'eau a été mesurée en plaçant un kg du matériau considéré dans un four chauffé à 100°C pendant 2 h.

Matériau	% eau
Sable de Seine	4.656
Sable du Boulonnais	1.470
Gravillon du Boulonnais 5/12,5	0.105
Gravillon du Boulonnais 12,5/20	0.090

Tableau III-2. Pourcentage de l'eau dans le sable et le gravillon du béton BHP 100 FS

Ainsi les valeurs des quantités des matériaux à sec seront corrigées par la teneur en eau correspondante. Si on note ω la teneur en eau, $x_{\sec}$ la quantité du matériau à l'état sec et x_{cor} la quantité après correction, on a :

$$x_{cor} = \left(\omega/_{100}\right) x_{\sec} \tag{III.1}$$

La quantité d'eau sera aussi corrigée en diminuant la quantité à l'état sec par les quantités existant dans le matériau moyennant des coefficients appelés coefficients d'adhérence qui sont égaux à 0,005 pour le sable et 0,007 pour le gravillon. La formule de calcul est la suivante :

$$y_{cor} = y_{\sec} - \sum_{i=1}^{2}\left(\frac{\omega_i}{100} - 0.007\right) x_{i\sec} - \sum_{j=1}^{2}\left(\frac{\omega_j}{100} - 0.005\right) x_{j\sec} \tag{III.2}$$

avec y_{cor} : la quantité d'eau corrigée

$x_{i\sec}$: la quantité de sable à l'état sec

$x_{j\sec}$: la quantité de gravillon à l'état sec

i pour désigner les deux types de sable et j les deux types de gravillons.

Les corrections étant faites, le calcul sera fait pour 65 litres vu les capacités du malaxeur. Les quantités corrigées pour 1000 litres et pour 65 litres sont données par le tableau suivant :

Dosage (kg/m^3)	1000	65
Sable de Seine 0/4	452.114	29.387
Sable du Boulonnais 0/5	445.455	28.954
Gravillon du Boulonnais 5/12,5	488.513	31.753
Gravillon du Boulonnais 12,5/20	561.508	36.498
Ciment CEM I 52 ,5	377	24.505
Fumée de silice	37.8	2.457
Superplastifiant Résine GT	12.5	0.8125
Retardateur Chrysotard	2.6	0.169
Eau	107.750	7.003

Tableau III-3.Composition du béton BHP 100 FS après correction

III-2.2.2 Caractéristiques des constituants utilisés

Fumée de silice

La fumée de silice utilisée provient de l'usine Anglefort. L'analyse chimique de celle-ci est la suivante : environ 90% de SiO_2 amorphe, autres éléments dont des oxydes métalliques, et moins de 1% silice SiO2 en forme cristalline. La densité de ce produit est de $2.2-2.3\ g/cm^3$ et sa masse volumique varie de $150-700\ kg/m^3$. La surface spécifique est de l'ordre de 10 à 30 m^2/g. La taille caractéristique des particules est en moyenne de 0.5 μm.

Ciment

Le ciment utilisé pour le béton à haute performance est le Ciment CEM I 52.5 PM ES CP2 de Havre. Ce ciment est principalement constitué de 97% de Clinker et 3% du calcaire. La composition élémentaire de ce ciment est présentée dans le Tableau III-4.

Fluidifiant

Le plastifiant utilisé est un superplastifiant résine GT de Chryso. Ce superplastifiant fait partie du groupe des fluidifiants obtenus à la base de la polymelamine sulfoné.

Granulats

Le béton BHP 100FS est constitué de granulats concassés calcaires (C) de la carrière de Boulonnais, de fraction 0/5, 5/12.5 et 12/25 avec un ajout de sable silico-calcaire de Seine. Ces granulats concassés ont pour composition chimique: 99,5% de $CaCO_3$, 2% de $MgCO_3$, 1% de SiO_2, 0,5% de Fe_2O_3, 0,6% de Al_2O_3 et moins de 0.06% de soufre. La masse volumique réelle de la roche calcaire est de $2.7\ g/cm^3$. Sa résistance en compression est de l'ordre de 140 -180 MPa.

Caractéristiques moyennes		Composition élémentaire [%]	
Résistance à la compression [MPa]		Insolubles	0.18
à 2 jours	25.7	SiO2	22.9
à 7 jours	40.9	Al2O3	2.97
à 28 jours	60.4	Fe2O3	1.85
Retrait à 28 jours $[\mu m/m]$	590	CaO	67.38
Début de prise $[\min]$	175	MgO	0.91
Masse volumique $[g/cm^3]$	3.17	K2O	0.18
Chaleur d'hydratation 12h $[J/g]$	170	Na2O	0.16
		SO3	2.23
		S--	<0.01
		Cl--	0.01

Tableau III-4. Composition élémentaire du ciment CEM I 52.5

III-2.3 Fabrication et conditionnement des éprouvettes

III-2.3.1 Fabrication

Préparation des moules et du coulage

On prend les moules et on les nettoie avec de l'huile démoulant (le démoulant utilisé contient un solvant, il faut le laisser s'évaporer avant le coulage).

Il est à noter que la quantité du super plastifiant a été divisée en deux parties : une première partie contenant le 1/3 qui sera ajouté à l'eau et la deuxième contient les 2/3 qui seront ajoutés à la fin du coulage. Aussi, avant de les ajouter aux autres composants, le ciment et la fumée de silice sont mélangés ensemble.

Procédure du coulage

On note l'heure et la température en début de coulage. Les éléments les plus lourds sont mis dans le malaxeur les premiers. Le mélange des deux types de sable et de gravillon est mis dans le malaxeur pendant 1 min et 30 secondes, après on ajoute le mélange ciment + FS. Ensuite on introduit l'eau pendant une minute environ et finalement au bout de cette dernière minute, on ajoute les 2/3 des superplastifiants.

La Figure III-1 donne une vue de l'intérieur et de l'extérieur des moules qui ont été fabriqués spécialement pour ces essais.

Figure III-1. Moule des éprouvettes Ø16 × 64 cm

Essais à l'état frais :

Un essai de densité et un essai Slump ont été réalisés à l'état frais. Ce dernier consiste en un remplissage du cône d'Abrams sur trois couches et au bout de chaque couche on fait un compactage de 25 coups. On mesure ensuite l'affaissement qui, pour notre BHP, est de l'ordre de 24 cm.

Procédure de coulage des éprouvettes :
Les éprouvettes Ø16 × 32 cm ont été remplies en deux couches et au bout de chaque couche on a fait une vibration à l'aide de l'aiguille vibrante afin de dégager les bulles d'air dans le béton. L'éprouvette Ø16 × 64 cm a été remplie en quatre couches et vibrée au bout de chaque couche avec l'aiguille vibrante. La vibration uniforme est garantie grâce à la structure en acier du moule. On ferme bien les moules pour ne pas avoir d'évaporation.
La Figure III-2 présente les photos d'une des éprouvettes Ø16 × 64 cm fabriquées

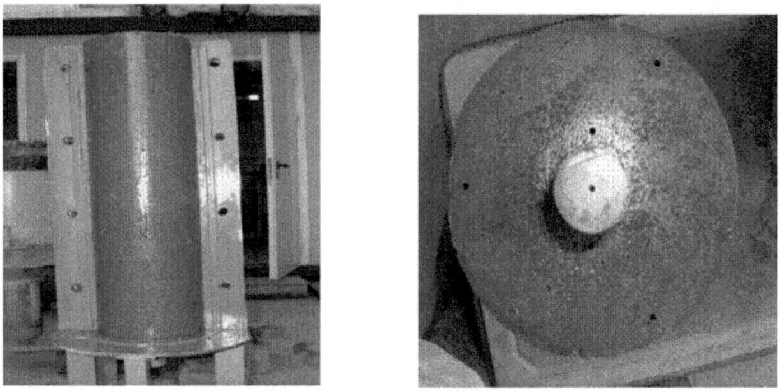

Figure III-2. Éprouvette Ø16 × 64 cm

III-2.3.2 *Conditionnement*

Une fois que les éprouvettes 16/64 ont été coulées, elles restent dans leurs moules une journée à une température $T = 20°C \pm 2°C$, couvertes pour éviter l'évaporation de l'eau Ensuite, après démoulage, les éprouvettes sont placées dans des sacs étanches à une température $T = 20°C \pm 2°C$ et une humidité $HR = 50\% \pm 5\%$ et ceci entre le deuxième jour jusqu'au jour de l'essai.

III-2.4 Dispositif d'essai –description du système

La Figure III-3 montre le dispositif expérimental utilisé pour l'essai de fluage thermique transitoire. L'éprouvette Ø16 × 64 cm possède un élancement égal à quatre afin d'éliminer les effets de bord et mesurer le déplacement longitudinal avec une grande précision.

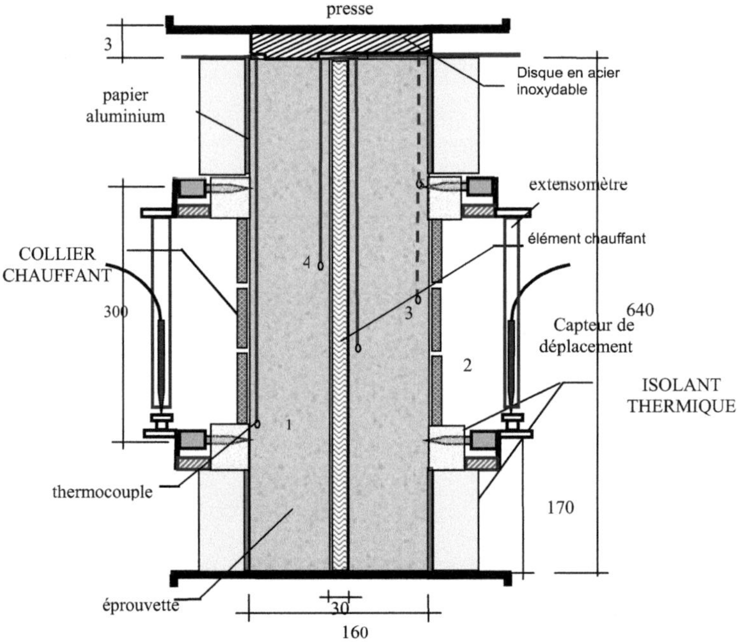

Figure III-3. Schéma du dispositif expérimental utilisé pour l'essai de fluage thermique transitoire, d'après Colina [2000,2004]

III-2.4.1 Dispositif d'acquisition

La Figure III-4 montre la presse chauffante avec le système d'acquisition informatique des données.

Figure III-4. Vue d'ensemble de l'essai de fluage thermique du béton

Les mesures les plus importantes à réaliser dans ce type d'essai sont celles des variations au cours du temps de la longueur de l'éprouvette et des températures à l'intérieur du béton.
Pour les variations de la longueur, nous avons pris comme base de mesure 300 mm, donnée par la distance entre deux sections perpendiculaires à l'axe et situées à 170 mm de chaque extrémité de l'éprouvette, Figure III-3. Les valeurs des variations de cette distance pendant l'essai sont alors déterminées à l'aide d'un extensomètre, spécialement conçu pour l'essai : les deux anneaux qui supportent les instruments de mesure, se fixent à l'éprouvette par des vis pointeaux selon la direction du rayon, en formant un angle de 120° entre eux, ce qui permet d'utiliser trois capteurs de déplacement de type LVDT sur des axes verticaux séparés du même angle. Ceux-ci sont logés dans des tubes en Invar, de façon à éviter des déformations thermiques du support. On place de l'isolant thermique entre les anneaux et l'éprouvette.

Pour le suivi des températures à l'intérieur du béton, on place des thermocouples de type K, résistant jusqu'à 700°C, dans des cavités verticales spécialement préparées au moment du coulage et scellées avant l'essai avec de la pâte de ciment. La distribution de ceux-ci est numérotée sur la Figure III-3 et répond aux dispositions suivantes:

- deux près de l'axe de l'éprouvette, à une distance de 10 mm de la surface intérieure et situés dans des positions opposées : le numéro 2 à 270 mm et le numéro 4 à 370 mm de la base de l'éprouvette.

- trois près de la surface extérieure de l'éprouvette, à une distance de 10 mm de celle-ci et situées sur des plans verticaux séparés de 120° l'un par rapport à l'autre : le numéro 1 à 170 mm, le numéro 3 à 320 mm et le numéro 5 à 470 mm de la base de l'éprouvette.

III-2.4.2 Dispositif de chauffage

Pour les températures imposées à l'éprouvette, nous pouvons distinguer trois groupes de chauffe :

- *chauffage des parois latérales*: il est fait par l'intermédiaire de trois colliers chauffants situés dans la partie centrale de 30 cm. Dans les parties supérieure et inférieure, des feuilles d'aluminium, fixées avec du ruban adhésif du même matériau, entourent l'éprouvette et sont en contact avec les parties chauffées par les plateaux de la presse. L'échange thermique avec l'extérieur est empêché par une couche d'isolant.
- *Chauffage de la base et de la partie supérieure de l'éprouvette*: la base de l'éprouvette est en contact avec le plateau chauffant bas de la presse. Le contact de la partie supérieure dépend du type d'essai : dans un essai sous charge, le contact se fait lors de la mise en charge à travers un disque métallique de 30 mm d'épaisseur, qui sert à la fois de lieu de sortie des câbles grâce à ses canaux; dans un essai sans charge, il est assuré par conduction avec des rubans d'aluminium collés sur la partie supérieure des éprouvettes et sur le plateau supérieur, le tout empêché d'échange thermique avec l'extérieur.
- *Chauffage de la paroi interne de l'éprouvette*: par un tube métallique en contact direct avec le plateau chauffant bas de la presse et fermé dans sa partie supérieure, de façon à avoir une transmission de la chaleur par conduction à l'intérieur de l'éprouvette. Le vide entre ce tube et le béton est rempli de sable, bon conducteur de la chaleur (Colina 2000, 2004; Sabeur et Colina 2005, 2006)

III-2.4.3 Charge mécanique et acquisition

En ce qui concerne la charge transmise à l'éprouvette, la presse utilisée permet d'avoir une charge constante et cela en utilisant le contrôle automatique autour d'une consigne.

La presse est équipée d'un tableur programmable qui, outre le contrôle de la charge, permet la programmation du système de chauffage des plateaux : la vitesse de montée en température (rampe), la valeur de la température à maintenir (palier) et la durée du palier.

Le contrôle de la vitesse de montée en température et le maintien en palier des colliers chauffants, sont faits grâce au système informatisé de contrôle de laboratoire fourni par le logiciel Labview, complété du matériel d'acquisition électronique. Ceci nous permet aussi de réaliser tout le recueil des données concernant les températures et déplacements, pour son traitement postérieur.

La Figure III-5 montre les phases du montage des éprouvettes avant l'essai.

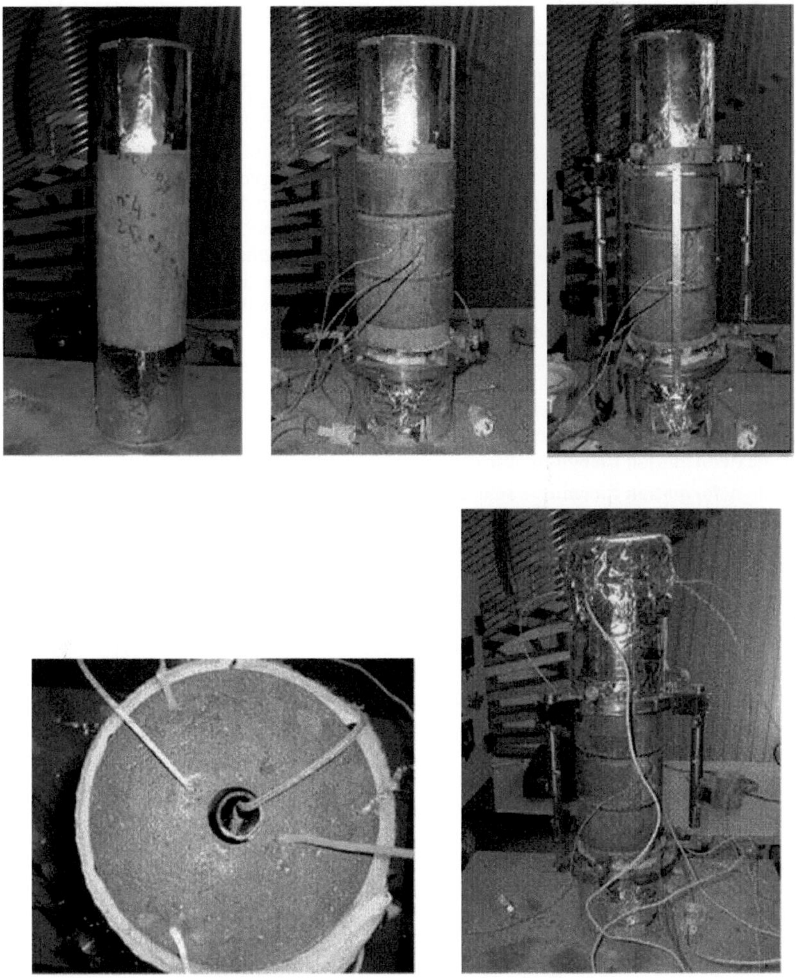

Figure III-5. Phases du montage: a) collage de l'aluminium, b) mise de l'isolant inférieur, fixation des colliers et de la partie inférieure de l'extensomètre, c) collage de l'aluminium supérieur et fixation de l'extensomètre, d) mise des thermocouples, du tube métallique e) mise de l'isolant supérieur

III-2.5 Processus expérimental et résultats d'essais

Avant de procéder aux essais de fluage thermique transitoire, on commence par la mesure de la résistance en compression de l'éprouvette Ø16 cm × 64 cm sur deux échantillons Ø16 cm × 32 cm en faisant la moyenne des deux mesures.

Ensuite, une fois l'éprouvette mise au centre de la presse et les connexions des thermocouples et des résistances avec le matériel d'acquisition effectuées, nous appliquons, dans le cas d'un essai sous charge, une pré-charge de positionnement de 1 MPa et nous déchargeons ensuite. Nous réglons la lecture des trois capteurs de déplacement à une valeur proche de 0 V. Nous procédons alors à la mise en route de l'essai proprement dit : à une vitesse d'environ 1 MPa/s, nous appliquons la charge constante requise (20% de la résistance à la compression, déterminée au préalable) et tout de suite nous lançons les programmes de chauffe des plateaux de la presse et des colliers chauffants. A noter que dans le cas de l'essai de dilatation thermique libre, aucune charge n'est appliquée à l'échantillon.

La vitesse de montée en température choisie dans ces essais correspond à une situation accidentelle avec une vitesse moyenne de montée en température égale à 1,5°C/min.

Dans cette campagne expérimentale, deux essais principaux sont réalisés :

- ✓ Essai de **déformation thermique libre** qui permet d'obtenir $\boldsymbol{\varepsilon}_{th}$.
- ✓ Essai de **déformation thermique sous charge** qui permet d'obtenir $\boldsymbol{\varepsilon}$.

Dans les deux essais, on procède à quatre paliers de température imposée (155°C, 200°C, 310°C, 400°C). La durée des paliers étant de 24 heures. Une fois que nous considérons que le dernier palier est terminée, on éteint le chauffage tout en continuant l'enregistrement des données, ce qui permet aussi de suivre le comportement du matériau lors de la descente de température.

Dans l'essai de déformation thermique sous charge, on procède aussi à une décharge-charge instantanée à la fin des paliers. Cette procédure, ajoutée à la première charge et à la dernière décharge lors de la fin du refroidissement, permet d'avoir une estimation des valeurs de la déformation élastique à ces moments du processus.

Résultats des essais

On définit d'abord les températures moyennes utilisées pour le suivi de l'évolution de la température à l'intérieur du béton. Nous avons considéré pour cela les indications données par la RILEM (1998). En tenant compte que les sous-indices correspondent au thermocouple du même numéro selon la Figure III-3, ces températures sont :

- La température moyenne près de la surface extérieure de l'éprouvette, donnée par la moyenne pondérée suivante:

$$T_{ms} = \left(T_1 + 2T_3 + T_5\right)/4 \qquad \text{(III.3)}$$

- La température moyenne près de l'axe de l'éprouvette:

$$T_a = \left(T_2 + T_4\right)/2 \qquad \text{(III.4)}$$

La température moyenne de référence de l'éprouvette, donnée par la moyenne pondérée suivante:

$$T_{réf} = T_{ms} - \frac{2}{3}\left(T_{ms} - T_a\right) = \left(T_{ms} + 2T_a\right)/3 \qquad \text{(III.5)}$$

On considère que la valeur de température du palier est atteinte à l'intérieur du béton quand les valeurs de ces températures sont très proches d'une même valeur constante, et quand la différence entre les valeurs de T_a et $T_{réf}$ est très petite comparée à l'ordre de grandeur de la température du palier.
Pour le déplacement, on fait la moyenne des trois mesures obtenues par les LVDT. On calcule ensuite la déformation en tenant compte de la base de mesure initiale de 300 mm.
Enfin, nous adoptons la convention de considérer les déformations d'expansion comme positives.
Dans ce qui suit, nous allons présenter les résultats obtenus en se basant sur les données correspondantes aux températures de contrôle T_a et $T_{réf}$, dont la différence nous donne une idée du niveau d'uniformité thermique atteint à l'intérieur de la zone centrale de l'éprouvette. En ce qui concerne les déformations, elles seront décrites par leurs valeurs moyennes.
Le programme des essais réalisés sur nos spécimens du béton à haute performance BHP 100FS est donné par le Tableau III-5.

Spécimens	Age au jour du test	Perte de masse avant le test	Type de test	Résistance à la compression moyenne [MPa]	$T_{réf}$ (°C) moyenne du palier	Température moyenne axiale T_a(°C)	T_a-T_{ref} (°C)
A	253		chargé		158	159	1
		0.22%		95	203	206	3
					311	320	9
					407	416	9
B	231		chargé	107	159	160	1
		0.22%			207	208	1
					318	319	1
					417	418	1
C	334	0.20%	chargé	100	160	159	-1
					208	206	-2
					315	310	-5
					400	390	-10
1	237		non	107	155	160	5
		0.16%	chargé		202	208	6
					314	326	12
					413	430	17
2	244		non	90	154	160	6
		0.25%	chargé		202	209	7
					312	327	15
					415	437	12
3	322	0.22%	non	100	154	158	4
			chargé		204	209	5
					317	330	13
					419	437	18
0.5	260	0.20 %	chargé à	95	161	164	3
			0.5MPa		207	214	7
					322	334	12
					421	440	19

Tableau III-5. Détails des essais faits sur les spécimens BHP 100FS (160 mm*640 mm) en conditions accidentelles

III-2.5.1 Essai de déformation thermique sous charge du BHP 100 FS.

Les Figure III-6 à Figure III-8 montrent les évolutions des températures $T_{réf}$ et T_a et de la déformation totale pour les trois spécimens. Il est à noter la différence négligeable entre ces deux températures pour les deux premiers paliers, prouvant que la distribution de la température est presque uniforme, avec une valeur maximale de 19°C pour le dernier (différence inférieure à celle considérée par les recommandations de RILEM pour une température environ de 400°C et pour les dimensions de nos spécimens). La déformation élastique a été également mesurée à différents moments du processus, 15 minutes avant la fin de chaque palier température, où elle est représentée par "un pic " dans la courbe de déformation. Ces "pics " ont été déterminés pendant le processus comme expliqué au début du paragraphe III-2.5.

Pour les cycles de chauffage-refroidissement sous charge, tenant compte de la vitesse rapide de chauffage, nous pouvons voir clairement que la dilatation thermique pendant le chauffage est rapidement changée en contraction quand le palier de température est atteint. Ce comportement montre l'existence d'une composante de la déformation qui réduit la dilatation du béton quand une charge constante est appliquée. Cette observation est en accord avec les observations semblables de plusieurs auteurs (Khoury, 1 985; Schneider, 1988; Cheyrezy, 2000 et Pimenta, 2004) mais la méthode de paliers en température utilisée ici, nous permet de déterminer cette déformation pour n'importe quelle température.

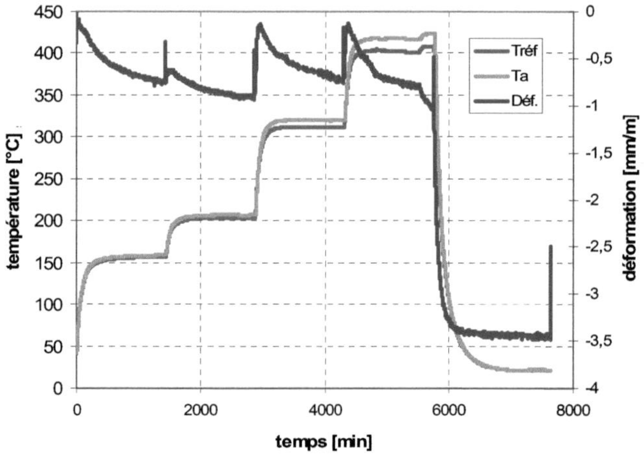

Figure III-6. Evolution de la déformation et de la température à l'intérieur du béton; essai sous charge pour l'éprouvette A

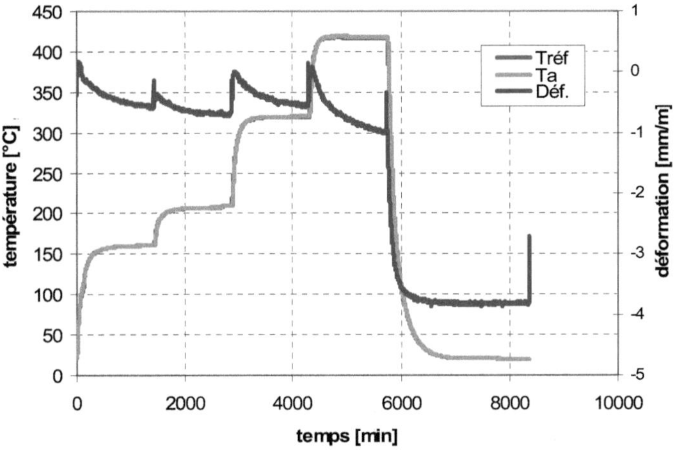

Figure III-7 . Evolution de la déformation et de la température à l'intérieur du béton; essai sous charge pour l éprouvette B

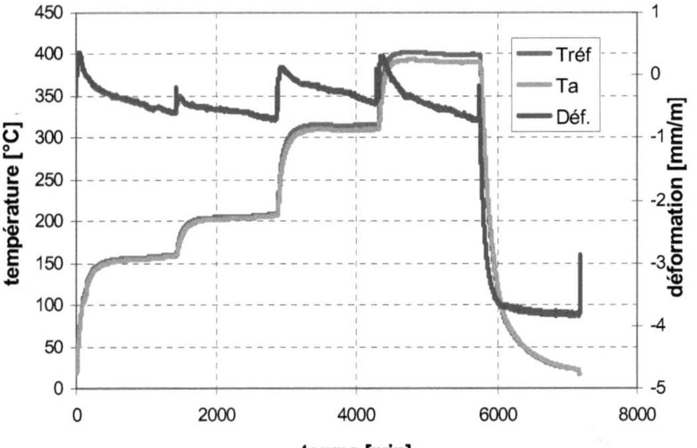

Figure III-8. Evolution de la déformation et de la température à l'intérieur du béton; essai sous - charge pour l éprouvette C

En ce qui concerne l'évolution de la déformation à la fin de chaque palier de température après 24 heures, nous pouvons observer un début de stabilisation de la déformation particulièrement pour les trois premiers paliers (Cette observation est plus évidente en suivant la déformation totale de l'éprouvette B). Cette stabilisation n'est pas observable pour le dernier à 400°C, où la déformation est plus importante et a besoin de plus de temps pour qu'une stabilisation ait lieu. Par exemple, dans le cas de la deuxième éprouvette chargée (éprouvette B), la différence entre la valeur la plus grande et la plus petite de la déformation est égale à 0,56 mm/m en valeur absolue pour le troisième palier (avec une tendance de stabilisation) et à 1,06 mm/m pour le quatrième (où la déformation semble continuer). Selon notre point de vue, cette augmentation de la déformation au dernier palier est due:

- Au début de la décomposition de la portlandite: pour une pâte de ciment chauffée à une vitesse de 0.2°C/min, Pasquero (2004) a remarqué que cette réaction commence aux environs de 360°C.
- A une augmentation importante du réseau poreux à ce niveau de température (Noumowé, 1995). Ceci cause une perte de rigidité du matériau et donc une plus grande déformation.

La valeur résiduelle de la déformation totale obtenue après déchargement à la fin de la partie de refroidissement est évidement due à l'irréversibilité du phénomène de fluage thermique transitoire. L'absence de ce dernier pendant la période de refroidissement induit plus d'endommagement car les contraintes ne sont pas relaxées par son effet, d'où la valeur importante pour la déformation totale (Khoury, 1999).

Les Figure III-9 à Figure III-11 présentent la déformation totale en fonction de la température de référence pour les trois éprouvettes. Cette représentation permet de visualiser de façon immédiate les paliers de température, ce qui rend possible l'estimation directe de la déformation au début du palier.

La représentation de la déformation totale en fonction de la température nous permet de déterminer les valeurs de la déformation totale (et ensuite du fluage thermique transitoire) à la fin de la période thermique transitoire (Colina, 2000, 2004; Sabeur et Colina 2005, 2006; Küttner et Ehlert, 1992)

Pour les trois représentations de la déformation thermique libre en fonction de la température, nous pouvons noter le changement de la pente à 100°C correspondant à un "auto-plateau" à cette température. Cet "auto-plateau" est dû à l'évaporation de l'eau libre, qui induit un changement de volume arrêtant la dilatation. Après cette température, le matériau a une tendance pour une nouvelle dilatation mais, en raison de la proximité du premier palier de température à 150°C, il finit par se contracter à la valeur de ce plateau.

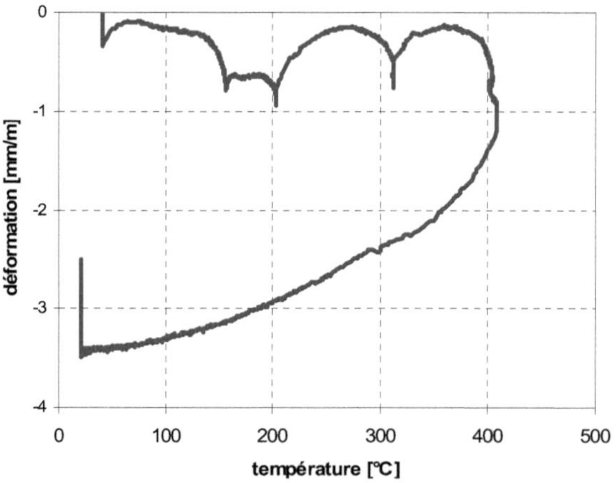

Figure III-9. Déformation en fonction de la température à l'intérieur du béton; essai sous charge pour l'éprouvette A

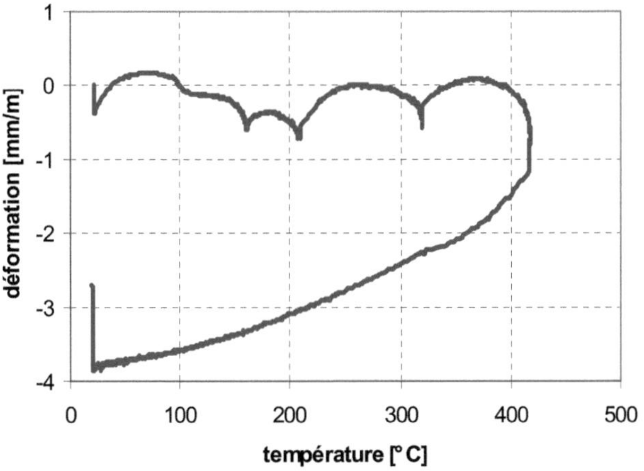

Figure III-10. Déformation en fonction de la température à l'intérieur du béton; essai sous charge pour l'éprouvette B

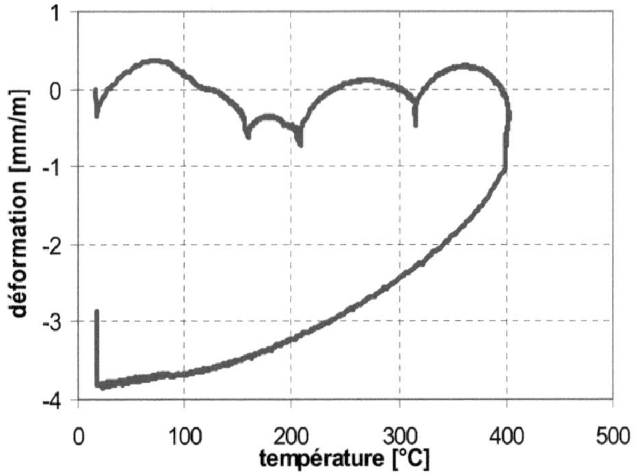

Figure III-11. Déformation en fonction de la température à l'intérieur du béton; essai sous charge pour l'éprouvette C

La représentation des trois spécimens dans un même graphique (Figure III-12 et Figure III-13) montre la répétitivité de la méthode et le reproductibilité du phénomène. En effet, pour le même degré de chargement et les mêmes paliers de température, nous avons un comportement similaire de nos trois spécimens avec des valeurs comparables de déformations dans la partie de chauffage et de refroidissement. Figure III-14 et Figure III-15 présentent les courbes donnant les valeurs moyennes des déformations et des températures pour les trois spécimens.

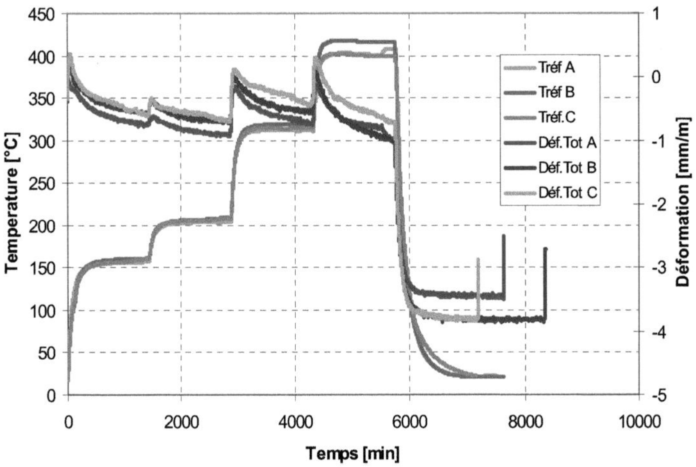

Figure III-12. Evolution de la déformation et de la température à l'intérieur du béton; essai sous charge pour les trois éprouvettes

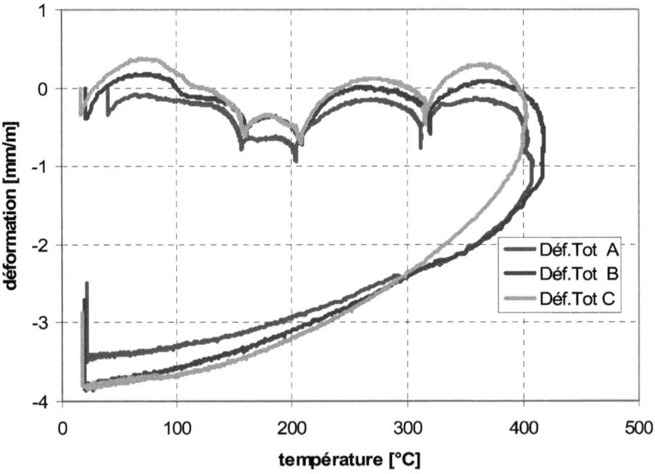

Figure III-13. Déformation en fonction de la température à l'intérieur du béton; essai sous charge pour les trois éprouvettes

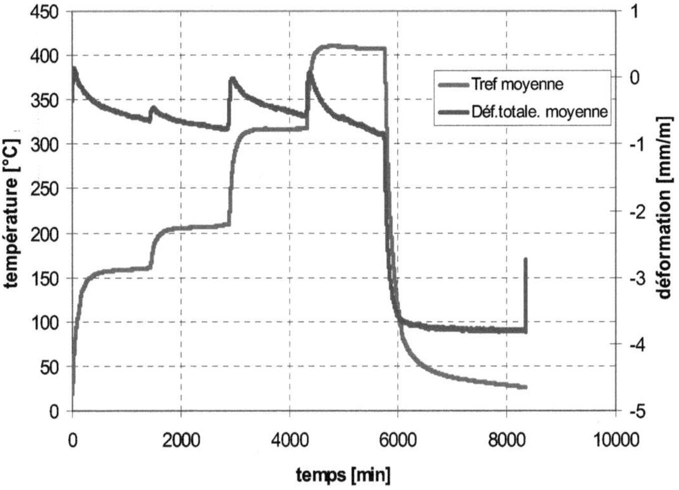

Figure III-14. Evolution de la déformation et de la température moyennes à l'intérieur du béton; essai sous charge

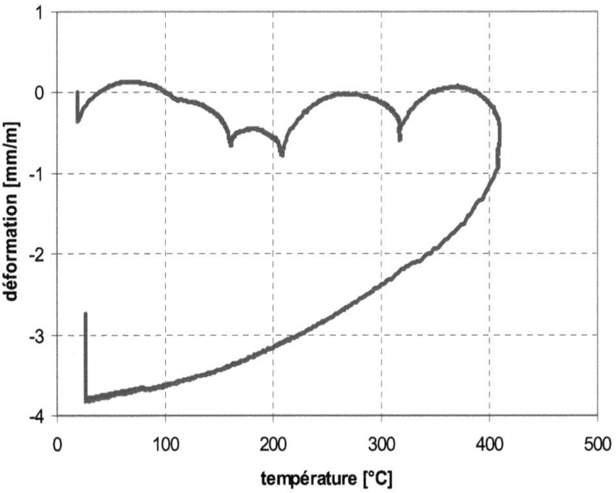

Figure III-15. Déformation moyenne en fonction de la température à l'intérieur du béton; essai sous charge

III-2.5.2 Essai de déformation thermique libre du BHP 100 FS

Pour déterminer la déformation du fluage thermique transitoire, il est également nécessaire de connaître la déformation thermique libre. Ainsi, un essai de dilatation thermique, sans charge appliquée, a été conçu pour trois spécimens: le dispositif d'essai est le même que pour l'essai sous charge mais avec l'ajout de 5 cm d'isolants au niveau du disque métallique. Les mêmes paliers de température que ceux des essais sous charge ont été considérés.
Les Figure III-16 à Figure III-18 donnent les évolutions de la température et de la déformation thermique libre, les Figure III-19 à Figure III-21 présentent celles de la déformation thermique libre en fonction de la température, pour les trois spécimens.
Pour les cycles de chauffage-refroidissement sans charge, la dilatation est également changée en contraction dés que le palier de température est atteint, comme dans le cas d'un essai sous charge mais avec une intensité plus faible. Ce changement de comportement est lié au retrait de dessiccation : au niveau du palier de température 300°C ce phénomène est presque absent et à la fin du palier et à 400°C il a complètement disparu (voir les Figure III-16 à Figure III-18). Par conséquent, on vérifie que ce phénomène est lié au retrait de dessiccation qui diminue quand l'eau libre et adsorbée diminue à l'intérieur du spécimen. Cette conclusion a été également vérifiée dans le cas du comportement du béton à hautes températures pour des conditions de service (Colina & Sercombe, 2004). Nous vérifions également la présence de «l'auto-plateau» à 100°C. Ainsi, ce phénomène est dû à la perte de l'eau libre et non à la charge. En représentant nos trois courbes dans un même graphique, Figure III-22 (évolution de la température et déformation thermique libre) et Figure III-23 (déformation thermique libre en fonction de la température), il est clair que pour la déformation thermique libre et pour nos trois spécimens, nous avons des valeurs très proches dans la partie de chauffage et de refroidissement, montrant la répétitivité de l'expérience et de l'évolution de la déformation thermique libre de ce béton. Sur les Figure III-24 et Figure III-25 on représente les courbes moyennes pour les trois spécimens.

Sur la Figure III-26, on compare l'évolution des déformations d'un spécimen chargé à 0.5 MPa avec ceux donnés par la moyenne de la déformation thermique libre, qui est également représentée sur la Figure III-27 en fonction de la température. Nous avons choisi une petite valeur de la charge qui représente (1/200) de la résistance moyenne à la compression.

Nous pouvons noter que, même pour une charge aussi faible, il y a bien une différence entre la déformation totale de ce spécimen chargé et la valeur moyenne de la déformation thermique libre des trois éprouvettes 1-3. Concernant la partie de chauffage, la différence en valeurs de déformations augmente avec la température et particulièrement pour le palier à 400°C : la différence est égale à 0.241 mm/m à 150°C et à 0.796 mm/m à 400°C. Ceci signifie que, même pour une charge si petite, le béton présente un fluage thermique transitoire qui augmente avec la température. Cette différence est plus importante dans la partie de refroidissement où nous avons une différence de 1 mm/m à la température ambiante. Nous notons également la présence d'une déformation élastique résiduelle à la fin de l'essai pour le spécimen chargé à 0.5 MPa.

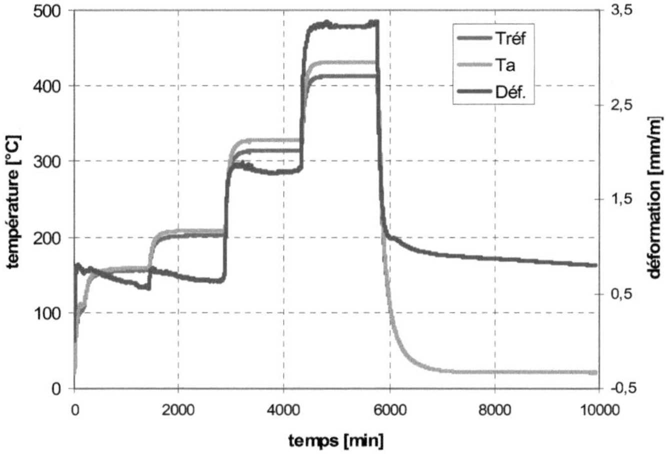

Figure III-16. Evolution de la déformation et de la température à l'intérieur du béton; essai sans charge pour l'éprouvette1

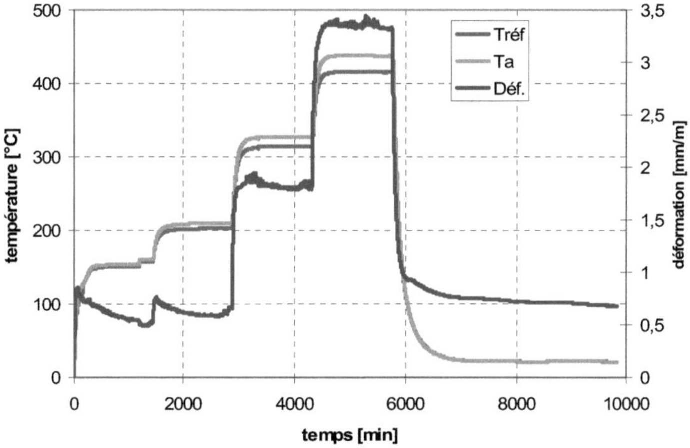

Figure III-17. Evolution de la déformation et de la température à l'intérieur du béton; essai sans charge pour l'éprouvette 2

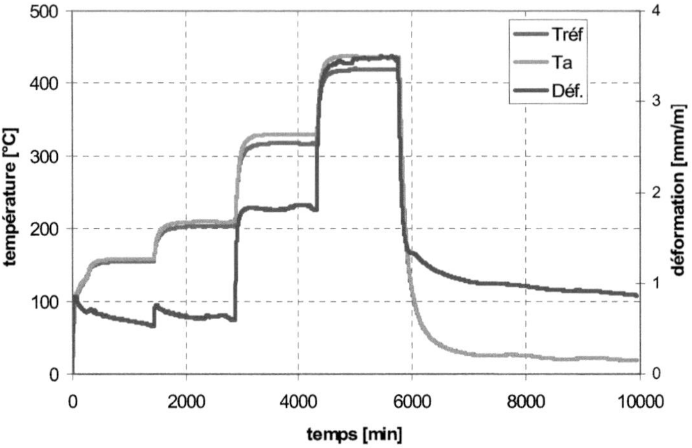

Figure III-18. Evolution de la déformation et de la température à l'intérieur du béton; essai sans charge pour l'éprouvette 3

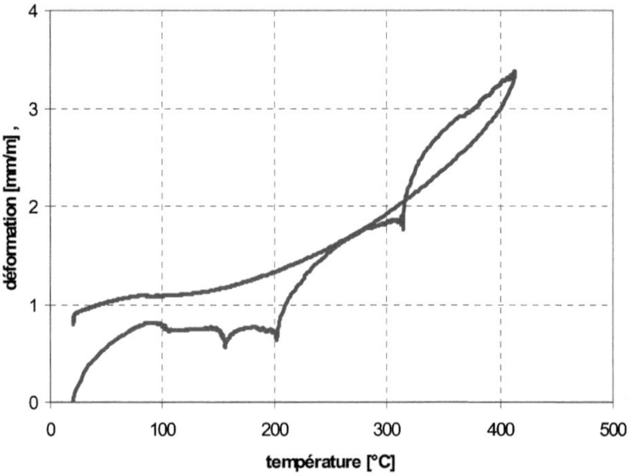

Figure III-19. Déformation en fonction de la température à l'intérieur du béton; essai sans charge pour l'éprouvette 1

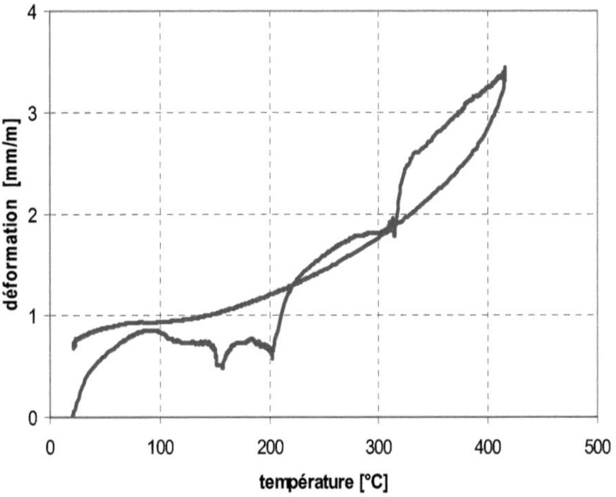

Figure III-20. Déformation en fonction de la température à l'intérieur du béton; essai sans charge pour l'éprouvette 2

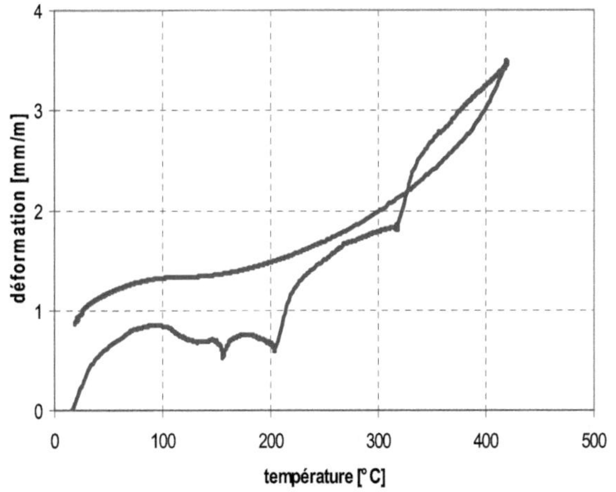

Figure III-21. Déformation en fonction de la température à l'intérieur du béton; essai sans charge pour l'éprouvette 3

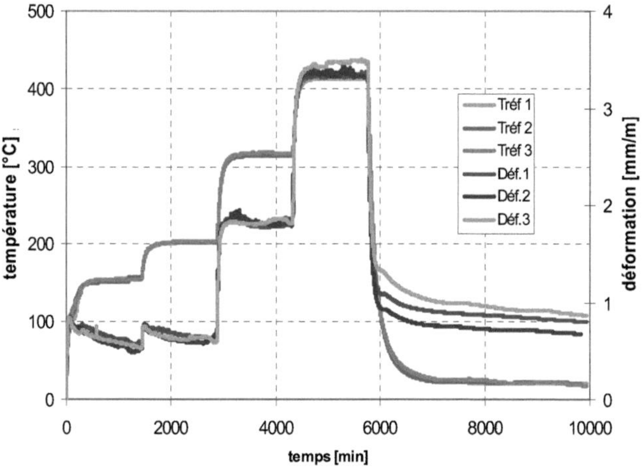

Figure III-22. Evolution de la déformation et de la température à l'intérieur du béton; essai sans charge pour les trois éprouvettes

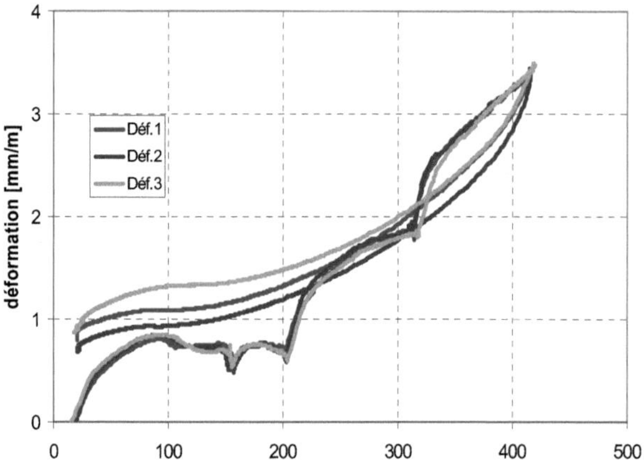

Figure III-23. Déformation en fonction de la température à l'intérieur du béton; essai sans charge pour les trois éprouvettes

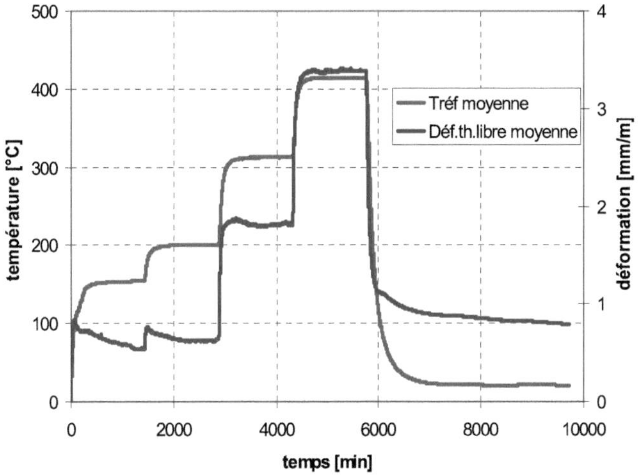

Figure III-24. Evolution de la déformation et de la température moyennes à l'intérieur du béton; essai sans charge

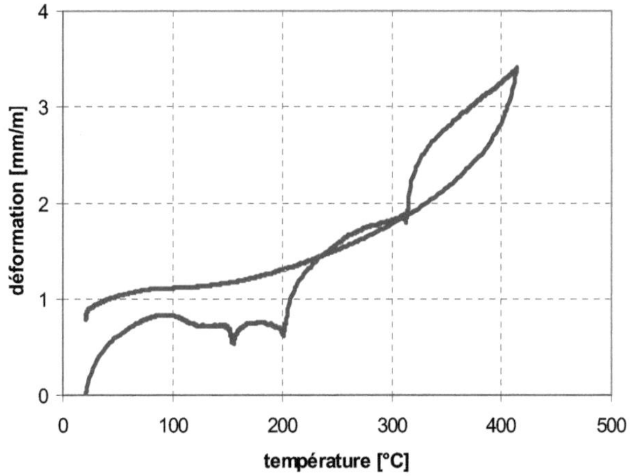

Figure III-25. Déformation moyenne en fonction de la température à l'intérieur du béton; essai sans charge

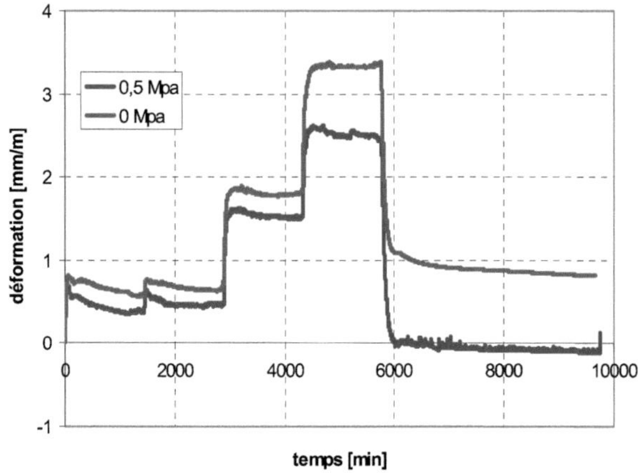

Figure III-26. Evolution de la déformation thermique libre et celle du spécimen chargé à *0.5 MPa* en fonction du temps

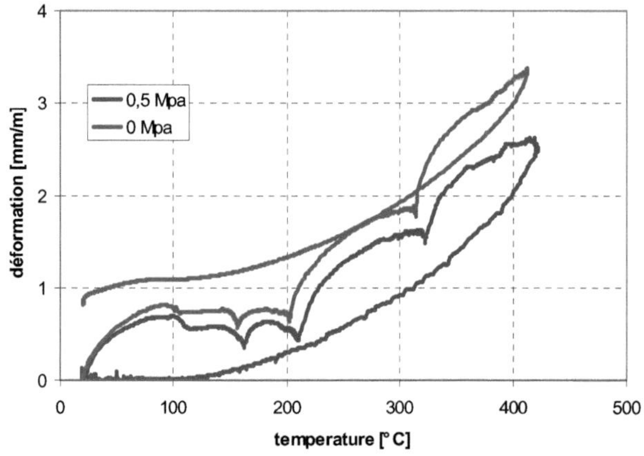

Figure III-27. Evolution de la déformation thermique libre et celle du spécimen chargé à *0.5 MPa* en fonction de la température

III-2.5.3 Déformation élastique

On représente sur la Figure III-28, la variation de la déformation élastique en fonction de la température pour les trois spécimens A, B et C ainsi que la moyenne de ces trois déformations. Il est à noter que la déformation élastique est la mesure de la déformation à chaud, calculée avec une charge-décharge rapide à la fin des paliers de températures des essais de déformation thermique sous charge. Ceci n'est pas le cas dans d'autres tests dans la littérature (Schneider, 1988; Dias, 1990; Hager 2004; Xiao, 2004) où cette déformation est obtenue à partir des courbes contrainte déformation.

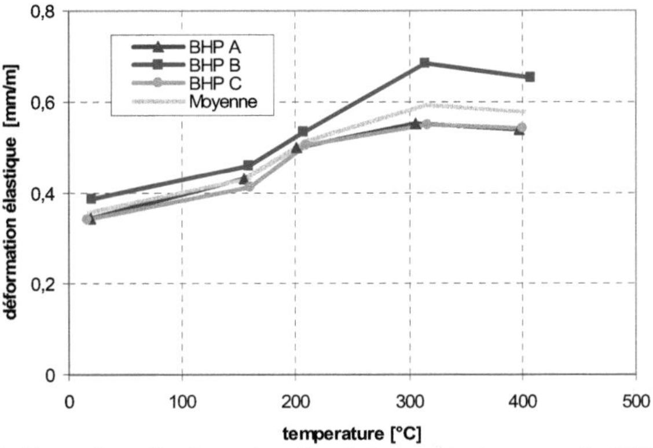

Figure III-28. Déformations élastiques fonction de la température pour les BHP (A, B, C) sous conditions accidentelles

A partir de cette figure, on peut noter que, pour la variation de la déformation élastique en fonction de la température, les trois spécimens montrent un comportement similaire. Dans la gamme de température [20°C, 300°C], la déformation élastique augmente avec une tendance asymptotique dans l'intervalle [300°C, 400°C]. Cette tendance asymptotique peut être due à la fin du processus de la déshydratation à 400°C. En d'autres termes, nos spécimens ont perdu toute l'eau chimiquement liée et cette perte va induire une consolidation du squelette solide qui devient plus rigide.
En outre, la répétitivité de la méthode et la reproductibilité du phénomène sont évidentes. Pour un même taux de chargement et des paliers de températures identiques, on a une tendance similaire avec des valeurs comparables de déformation élastique à l'exception du spécimen C qui présente des valeurs plus importantes dans l'intervalle [300°C, 400°C] (Sabeur & Colina,2006).

III-2.5.4 Module d'Young

La détermination de la déformation élastique $\boldsymbol{\varepsilon}_e(T)$ pendant ces essais permet de donner une estimation de l'évolution du module d'Young en fonction de la température. Le taux de chargement étant fixé à 20 % de la résistance à la compression du BHP, la variation du module d'Young $\boldsymbol{E}(T)$ peut être calculée comme suit :

$$\boldsymbol{E}(T)=\frac{\boldsymbol{\sigma}}{\boldsymbol{\varepsilon}_e(T)} \quad \text{(III.6)}$$

Les Figure III-29 et Figure III-30 donnent l'évolution du module d'Young et du module d'Young relatif respectivement pour les trois spécimens A, B et C.

Comme prévu, le module d'Young pour ces trois spécimens diminue avec une augmentation de température dans la gamme de température [20°C, 300°C] avec des valeurs presque constantes sur l'intervalle [300°C, 400°C]. A partir de ces courbes, on peut noter une évolution similaire pour les trois bétons avec des valeurs comparables montrant encore une fois la répétitivité de la méthode.

Cependant, cette évolution semble différente comparée à ce qu'on trouve dans la littérature (Schneider, 1988; Dias, 1990; Hager, 2004; Xiao; 2004) où on a une réduction graduelle du module d'Young en fonction de la température. Comme expliqué au dernier paragraphe, la méthode ici est différente : la déformation élastique à chaud est déterminée directement et ensuite le module d'Young est déterminé en utilisant l'équation (III.6) (Sabeur & Colina, 2006).

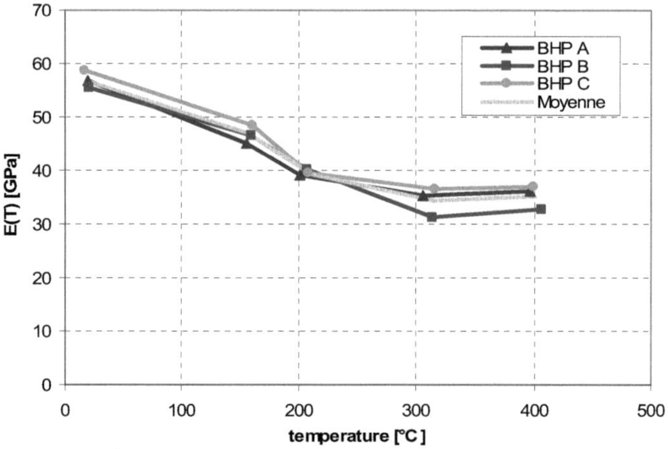

Figure III-29. Module d'Young en fonction de la température pour les trois spécimens (A-B-C) en conditions accidentelles

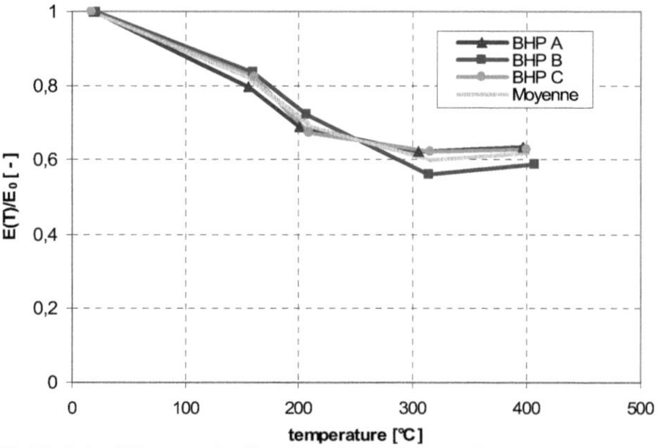

Figure III-30. Module d'Young relatif en fonction de la température pour les trois spécimens (A-B-C) en conditions accidentelles

III-2.5.5 Fluage thermique transitoire

D'après les recommandations de la RILEM (1998) qui considèrent le modèle additif des déformations pour l'étude de la déformation du fluage thermique transitoire, on peut écrire que la déformation totale à chaque instant est la somme de toutes les déformations de l'éprouvette : la déformation élastique ε_e, la déformation thermique libre ε_{th} et le fluage thermique transitoire ε_{tc}.

$$\varepsilon = \varepsilon_e + \varepsilon_{th} + \varepsilon_{tc} \qquad \text{(III.7)}$$

Nous obtenons donc l'expression suivante de la déformation du fluage thermique transitoire:

$$\varepsilon_{tc} = \varepsilon - \varepsilon_e - \varepsilon_{th} \qquad \text{(III.8)}$$

La partie de déformation correspondante au retrait de dessiccation est considérée négligeable ou couplée avec la déformation thermique libre (RILEM, 1997; Schneider, 1988; Khoury, 1985; Thienel. et Rostasy, 1996).
La déformation thermique transitoire ε_{tc}, considérée comme la valeur à la fin de la période thermique transitoire, est alors estimée comme suit. La valeur moyenne de température T_{ref} pour, la déformation totale et la déformation thermique libre, est considérée celle à la fin du palier de température. Les déformations ε, ε_{th} et ε_e, correspondant à cette température, sont ainsi déterminées. On peut donc calculer les valeurs du fluage thermique transitoire ε_{tc} en utilisant l'équation (III.7). Le Tableau III-6 donne les valeurs du fluage thermique transitoires obtenues pour nos spécimens ainsi que leurs valeurs moyennes.

Le fait que les valeurs de la déformation thermique libre pour des spécimens 1-3 soient très proches, nous permet de faire n'importe quelle combinaison avec les spécimens A-C. Le choix est chronologique, correspondant à la date de l'essai de nos spécimens. Sur la Figure III-31, on représente la variation de la valeur moyenne de température et de fluage thermique transitoire en fonction du temps. Concernant l'évolution de la déformation, on peut observer une stabilisation à la fin de chaque plateau de température (après 24 h). Cependant, la déformation atteint sa stabilisation asymptotique après le début du plateau de température. En d'autres termes, la stabilisation de la déformation se produit après celle de la température, i.e. le fluage thermique transitoire n'est pas instantané et a besoin de temps pour se produire. Ceci confirme que le fluage thermique transitoire est une déformation qui se produit avec une cinétique qui doit être confrontée à celle du processus de déshydratation.

Sur la Figure III-32, on représente l'évolution du fluage thermique transitoire en fonction de la température. De cette figure, il est clair que le fluage thermique transitoire augmente avec la température et cette augmentation est plus importante particulièrement après 200°C : pour cette valeur de température nous avons une valeur moyenne de la déformation thermique transitoire égale à $-0.9\ mm/m$; d'autre part cette déformation a atteint la valeur moyenne de $-3.72\ mm/m$ à 400°C.

Spécimen	T [°C]	ε [mm/m]	ε_{th} [mm/m]	ε_{e} [mm/m]	ε_{tc} [mm/m]
	155	-0,75521	0,573456	-0,43132	-0,897346
A-1	201	-0,91091	0,701489	-0,49858	-1,113819
	305,5	-0,73242	1,835922	-0,55121	-2,017132
	396,5	-1,02701	3,376722	-0,53982	-3,863912
B-2	159,5	-0,58648	0,539289	-0,45899	-0,66678
	207	-0,67057	0,658644	-0,53223	-0,796981
	314	-0,53057	1,806644	-0,68358	-1,653631
	406,5	-0,98387	3,311633	-0,65268	-3,64282
C-3	160	-0,60276	0,531133	-0,41234	-0,721544
	208,5	-0,69823	0,595156	-0,50402	-0,789367
	315,5	-0,4427	1,804484	-0,54796	-1,699229
	399,4	-0,72319	3,472229	-0,54146	-3,653962
Moyenne	158	-0,64815	0,547959	-0,43422	-0,76189
	205,5	-0,7599	0,651763	-0,51161	-0,900056
	311,5	-0,56856	1,815684	-0,59425	-1,789997
	401	-0,91136	3,386861	-0,57799	-3,720232

Tableau III-6. Valeurs estimées des déformations de fluage thermique transitoire pour le BHP 100FS

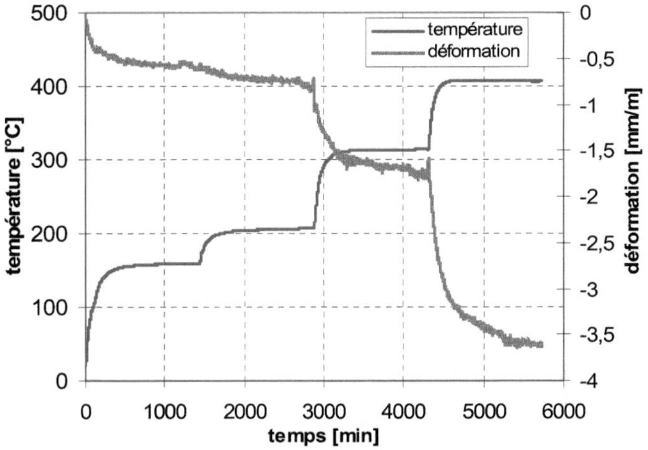

Figure III-31. Fluage thermique transitoire pour $\sigma/f_c = 0.2$ et température en fonction du temps

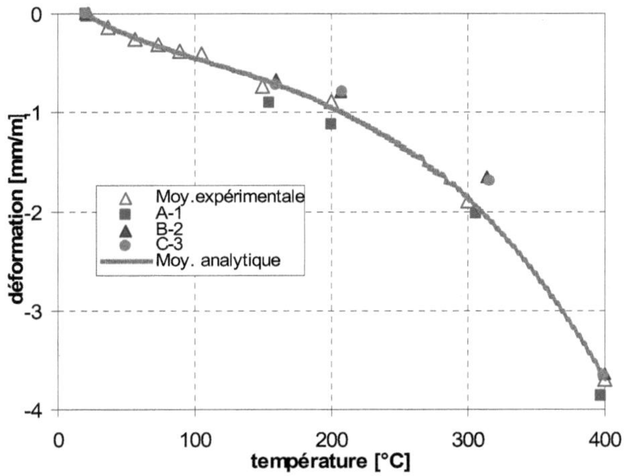

Figure III-32. Fluage thermique transitoire pour $\sigma/f_c = 0.2$ en fonction de la température

III-2.6 Conclusion

La méthode d'essai présentée ci-dessous permet de suivre le comportement des spécimens en béton à haute performance durant des cycles de chauffage et de refroidissement sous conditions accidentelles, avec une température quasi-uniforme au sein du matériau à différents paliers de température. Elle permet aussi de calculer la déformation élastique à différents moments de l'essai.

Il est facile ainsi de calculer la déformation du fluage thermique transitoire à ces différents paliers de température. A partir des résultats expérimentaux, on peut tirer les conclusions suivantes :

- les valeurs estimées pour le fluage thermique transitoire montrent qu'il augmente avec une augmentation de la température avec des valeurs importantes pour les températures supérieures à 200°C.
- La stabilisation de la déformation totale dans le cas des cycles de chauffage-refroidissement sous charge pour les trois premiers paliers de températures indique la stabilisation des processus physico- chimiques. Ceci n'est pas le cas du dernier palier à 400°C où il semblerait qu'on a un début de la décomposition de la portlandite.
- Le fluage thermique transitoire est une déformation qui existe même pour des taux de chargements faibles comparés à la résistance à la compression.
- Dans le cas des cycles de chauffage-refroidissement sous charge, à la fin du cycle de refroidissement, il est à noter la valeur importante de déformation résiduelle. Dans nos tests, nous avons calculé une valeur moyenne de l'ordre de 1.05 mm/m.
- Les valeurs calculées de la déformation élastique du béton à haute performance sous conditions accidentelles à la fin de chaque palier de température de l'essai sous charge, montrent une augmentation avec la température. Cette augmentation est non linéaire avec une tendance asymptotique dans la gamme de température [300°C, 400°C]. Ceci va induire une réduction du module d'Young qui lui aussi présentera une tendance asymptotique dans cette gamme de température.

La déformation de fluage thermique transitoire étant calculée, la prochaine étape consiste à identifier les deux paramètres de séchage et de déshydratation selon l'équation (II.24). Pour ce dernier, on a besoin d'identifier la fonction de déshydratation. C'est l'objectif de la deuxième partie de la campagne expérimentale.

III-3 Identification de la déshydratation

III-3.1 Introduction

Nous abordons une partie très importante de notre étude expérimentale vu qu'elle va nous permettre d'identifier la fonction de déshydratation et notamment le paramètre α_{hc} du fluage de déshydratation.

Cette identification de la déshydratation sera faite en deux étapes. La première va s'intéresser à la détermination d'une relation qui va permettre de calculer l'évolution de la perte de masse en fonction de la température à partir de l'équilibre chimique et donc de proposer une expression analytique de la perte de masse à l'équilibre. La deuxième présentera un essai de perte de masse avec des paliers de températures pendant lesquels la température est maintenue constante. Au cours de ces paliers, la perte de masse se produit pendant des heures indiquant clairement qu'il y a une nette différence entre la valeur de masse mesurée au cours de ces essais et celle à l'équilibre. Ceci montre bien l'existence et la nécessité de prendre en compte cette cinétique dans un modèle THCM.

III-3.2 Détermination de $m_{eq}(T)$

La première détermination expérimentale nécessitée par un modèle THCM, et sans doute la plus importante, concerne la perte de masse en fonction de la température lorsque celle-ci est maintenue suffisamment longtemps pour que l'on puisse espérer un équilibre chimique. Cette

information est relativement simple à obtenir, puisqu'il n'est pas nécessaire de considérer de cinétique chimique, à condition de choisir une vitesse de montée en température assez lente.
La première section du chapitre concerne la préparation et la réalisation des essais ATD/ATG. La seconde section présente une expression analytique de la courbe $m_{eq}(T)$.

III-3.2.1 Préparation et coulage des éprouvettes

Les éprouvettes de pâte de ciment sont réalisées en se basant sur la composition des bétons BHP M100 FS réalisés pour le projet National BHP2000 avec un rapport massique eau/ciment de 0.33 et fumée de silice/ciment de 0.1. Les ingrédients de nos pâtes sont les suivants :

Ciment CEM I 52.5 : 500 g

Eau :157g

Fumée de silice :50g

Retardateur :2.6g

Superplastifiant :15g

La procédure de coulage de nos pâtes suit les étapes suivantes : on met le ciment et la fumée de silice dans le malaxeur pendant 3 min à petite vitesse, au bout de ces trois minutes on ajoute l'eau avec le retardateur et 7.5 g du superplastifiant (la moitié) en maintenant la petite vitesse pendant 1min et en observant la texture de la pâte. A la fin de cette minute, on augmente la vitesse ce qui correspond à la valeur 5 sur l'échelle du malaxeur et on la maintient pendant 1 min 30s. Au bout de 1min 30s, on homogénéise à l'aide de la spatule. Enfin, on remet le malaxeur à grande vitesse pendant une minute trente et au bout d'une minute on ajoute les 7.5 g de superplastifiant et on observe la pâte.

La pâte ainsi obtenue est ensuite coulée dans des moules nettoyés avec de l'huile démoulant et déjà fixés par des serre-joints. Après la mise en œuvre à l'aide d'une aiguille vibrante, afin d'éliminer les bulles d'air, le moule est recouvert d'un film plastique pour éviter le séchage par air. Les éprouvettes sont démoulées après 18 heures et des mesures de la masse volumique ρ sont effectuées. Ensuite ces éprouvettes sont classées, enveloppées dans du film plastique et placées dans une boîte étanche contenant de l'eau. Nous présentons ci-dessus la masse volumique des éprouvettes utilisées pour les essais ATD/ATG.

coulage du 21/06/04					
numéro moule	**masse (g)**	**diamètre (mm)**	**longueur (mm)**	**volume (cm^3)**	**densité (g/cm^3)**
1	84,14	19,15	132,25	38,0717547	2,21003735
2	87,55	19,25	137,29	39,9365026	2,19223002
3	90,95	19,31	142,55	41,7254881	2,17972285
4	89,86	19,06	144,15	41,1083548	2,18593034
5	91,11	19,25	145,2	42,2374549	2,1570902
				Moyenne	2,18500215
				écart type	0,0172442

Tableau III-7. Mesures de la masse volumique après mûrissement de 5 échantillons du même coulage de pâte de ciment BHP100FS

III-3.2.2 Analyse thermogravimétrique (ATG) et analyse thermodifférentielle (ATD)

Pour suivre l'évolution du matériau et accéder expérimentalement à une mesure de la déshydratation $m_{dehy}(T)$, nous avons envisagé un essai d'analyse thermogravimétrique (**ATG**), qui consiste à mesurer la perte de masse lors d'une élévation de température.
Cette étude peut être ensuite complétée par un essai d'analyse thermodifférentielle (**ATD**), permettant de mesurer le dégagement de chaleur lors de la transformation de la pâte de ciment pendant l'élévation de la température.

III-3.2.2.1 Principe des techniques ATG et ATD

Le principe de **l'analyse thermogravimétrique** (ATG) est de mesurer, en fonction du temps ou de la température, la variation de masse d'un échantillon soumis à un programme de température déterminé dans une ambiance gazeuse donnée. D'une manière générale, cette technique est concernée par toute réaction entraînant un dégagement gazeux ou la fixation d'un composant de l'atmosphère où se déroule l'expérience. Dans le cas des ciments et des bétons, elle enregistre les réactions d'oxydation, réduction, déshydroxylation et décarbonatation.

L'analyse thermodifférentielle (ATD) consiste à chauffer, simultanément l'échantillon à étudier et un témoin "inerte", c'est à dire un matériau qui ne subit aucune transformation pendant la montée en température. Dans la plupart des cas, il s'agit du kaolin calciné. Chaque événement (changement de phase) intervenant est accompagné par un dégagement de chaleur qui se traduit par une différence entre la température de l'échantillon et celle du témoin. Cette différence est détectée à l'aide de deux couples thermoélectriques de même nature montés en opposition. La température à laquelle se produit l'événement est mesurée par un troisième thermocouple indépendant. Les réactions qui se produisent sont alors mises en évidence, dans des courbes de température différentielle, par des pics endothermiques et exothermiques.

III-3.2.2.2 Caractérisation de la pâte de ciment CEM I 52.5 par ATD ATG

Dispositif expérimental

La campagne d'essais de perte de masse sur nos échantillons de pâte de ciment a été menée au Laboratoire Central des Ponts et Chaussées, grâce à la collaboration du Service de Physico-Chimie des Matériaux.

Le dispositif expérimental, dont le principe de fonctionnement est schématisé dans la Figure III-33, est constitué par une thermobalance, ou analyseur thermique simultané, NETZSCH STA 409, une balance de précision à 0.1 mg, un mortier et un creuset en platine. L'échantillon de pâte de ciment à analyser est broyé entre 80 et 315 µm, ensuite, une masse de 154.6 mg environ est placée dans le creuset du dispositif et pesée avec précision. Ce dispositif permet d'effectuer simultanément l'essai ATG et l'essai ATD. Le programme prévoit une montée en température linéaire, avec deux vitesses de montées de 0.2 et 10°C/min, depuis la température ambiante jusqu'à 500°C pour la vitesse de 0.2°C/min et jusqu'à 1150°C pour la vitesse de 10°C/min.

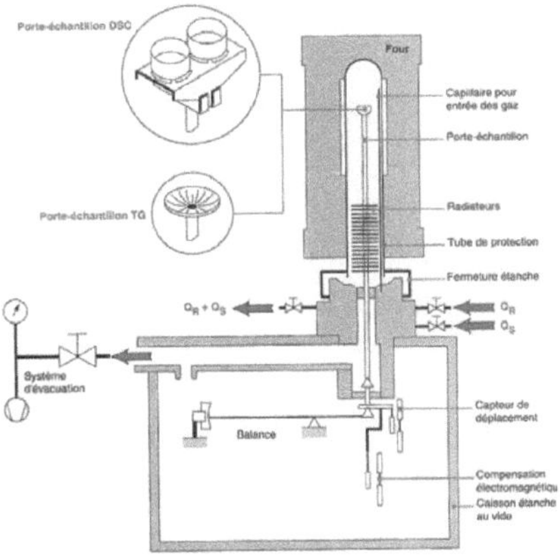

Figure III-33. Principe de fonctionnement d'une thermobalance [BAROGHEL-BOUNY et al., 2002]

III-3.2.2.3 Analyse des courbes ATG/ATD

Un premier exemple d'analyse ATG/ATD conduit sur notre pâte de ciment est présenté par la Figure III-34. Rappelons que l'échantillon utilisé dans les essais ATD/ATG provenait des éprouvettes âgées de 8 mois. La montée en température a été faite de 20 à 1150°C, avec une vitesse de 10°C/min. Les courbes obtenues, exprimées en fonction de la température, permettent de repérer les différentes réactions aux températures auxquelles elles se produisent, accompagnées des valeurs correspondantes de perte de masse.

La première perte de masse, située entre la température ambiante et 200°C, est le résultat du départ de l'eau libre et de la déshydratation progressive du gel des C-S-H. Entre 450 et 520°C environ, la deuxième grande perte de masse concerne la décomposition de la Portlandite.

La décomposition des C-S-H se poursuit, avec une nouvelle phase d'évacuation de l'eau liée chimiquement et, entre 700 et 900°C, le carbonate de calcium $CaCO_3$ se décompose en libérant du CO_2 par réaction endothermique.

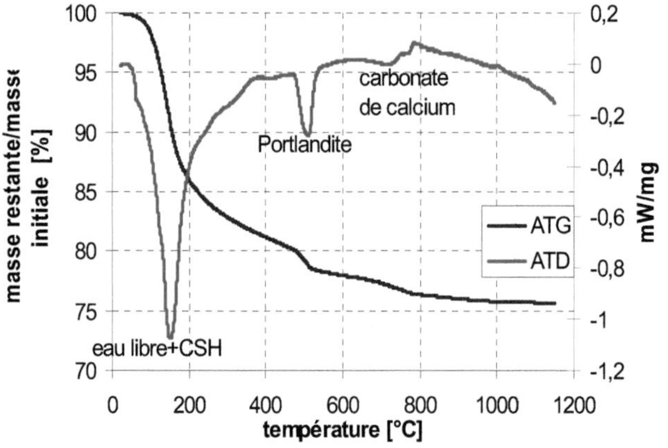

Figure III-34. Evolution des courbes ATG/ATD de la pâte de ciment chauffé à 10°C/min

III-3.2.2.4 Cinétique de montée de la température

Lorsque l'élévation de la température est rapide, l'équilibre chimique de la pâte de ciment ne peut pas s'établir : un décalage existe entre la valeur de la perte de masse à l'équilibre et celle mesurée à la température $T(t)$. Ceci représente l'indice de l'existence d'une cinétique chimique. Il est donc nécessaire de procéder à un essai à une vitesse suffisamment faible afin de minimiser ce décalage.

La Figure III-35 montre l'évolution de la courbe ATG issue du même échantillon, chauffé cette fois avec une vitesse de 0.2°C/min jusqu'à la température de 500°C. La courbe ATG à 0.2°C/min a été comparée, sur la même figure, à celle de 10°C/min.
L'étude de l'évolution de la perte de masse peut être ensuite complétée en dérivant les courbes ATG en fonction de la température: les courbes DTG (analyse thermogravimétrique dérivée) ainsi obtenues présentent des points d'inflexion, correspondant respectivement à la présence ou à l'absence de changements de pente sur la courbe ATG. Les courbes DTG nous permettrons de mieux faire ressortir les différentes réactions et, notamment, d'évaluer l'influence que la cinétique de l'élévation de température provoque sur celle-ci.

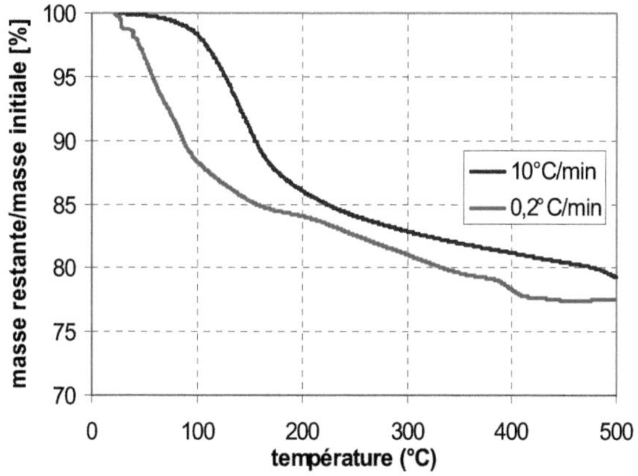

Figure III-35. Evolution des courbes ATG des échantillons chauffés à 0.2 et 10°C/min

L'échantillon chauffé à une plus faible vitesse présente une perte de masse totale légèrement plus importante par rapport à l'échantillon ayant subi une élévation de température rapide. Cette différence est surtout plus nette dans la plage de température de [60°C, 180°C] concernant le départ de l'eau libre et la décomposition des CSH.

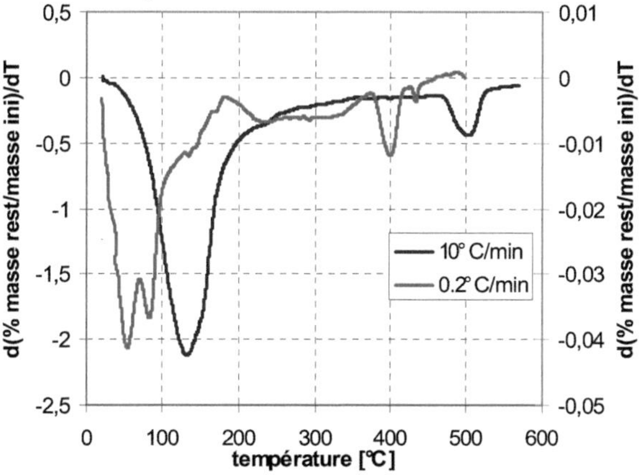

Figure III-36. Evolution des courbes DTG des échantillons chauffés à 0.2 et 10°C/min

En ce qui concerne les courbes DTG (Figure III-36), nous pouvons constater que la vitesse de montée en température intervient en modifiant les plages de température qui caractérisent le début et la fin des réactions, ainsi que leur ampleur (dans notre cas on avait besoin de deux échelles différentes avec un ordre de grandeur de 100). En effet, il est à noter que la température correspondant au pic de déshydratation est aux alentours de 80°C et 150°C pour la vitesse de montée de température de 0.2°C/min et 10°C/min respectivement, et que les plages de température de la décomposition de la portlandite sont de [360°C, 410°C] et [470°C, 530°C] pour les vitesses respectives de 0.2 °C/min et 10°C/min.

III-3.2.3 Détermination expérimentale de m_{eq} *(T)*

Comme il a été signalé dans le paragraphe précédent, un essai de perte de masse avec une vitesse suffisamment lente de montée en température permet, d'une part d'éliminer dans une première phase l'eau libre par vaporisation (conventionnellement $T \leq 105°C$), d'autre part de déterminer la masse d'eau $m_{eq}(T)$ créée par déshydratation à l'équilibre (puisque la vitesse de montée en température est lente) à une température T. Cette masse est celle perdue par l'éprouvette au-delà de 105°C rapportée au volume initial de l'éprouvette. Mais quelle vitesse de montée en température doit-on choisir ? Le nombre d'essais étant limité, nous avons adopté 0.2°C/min (vitesse de montée en température utilisée dans le cadre de la thèse de Pasquero, 2004). Nous avons procédé alors à l'essai de perte de masse, pour une température croissante jusqu'à 500°C avec une vitesse de 0.2°C/min. Nous représentons ici la courbe de la perte de masse exprimée en fonction de la température (Figure III-37).

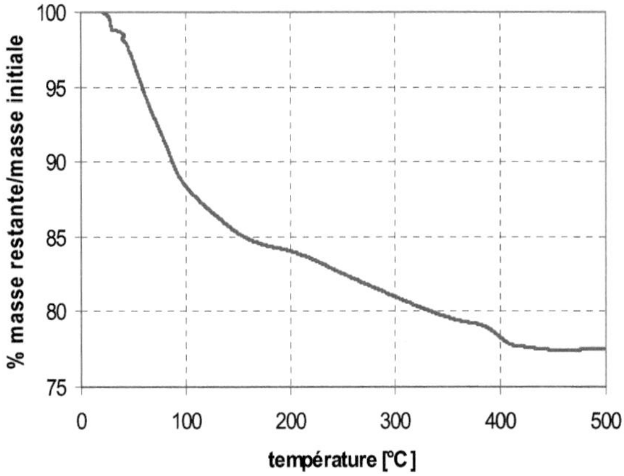

Figure III-37. Courbe de perte de masse exprimée en fonction de la température (vitesse de montée 0.2°C/min)

Nous remarquons que la courbe présente deux points d'inflexion très marqués aux alentours de 180°C et 412°C correspondant respectivement à la déshydratation des CSH et la décomposition de la Portlandite.

A partir des courbes de perte de masse avec une élévation lente en température, exprimées en pourcentage de masse perdue rapportée à la masse initiale de l'éprouvette (*%m*), nous pouvons déterminer $m_{eq}(T)$ à l'aide de l'équation suivante:

$$m_{eq}(T) = \frac{\rho_{ini}}{100}\langle \%m(105°C) - \%m(T) \rangle \ \left[g/cm^3\right] \qquad \text{(III.9)}$$

où $\%m(105°C)$ est le pourcentage de masse perdue à 105°C rapportée à la masse initiale de l'éprouvette et $\rho_{ini}\left[g/cm^3\right]$ est la valeur de la masse volumique initiale de notre pâte de ciment. Comme nous l'avons explicité dans le premier paragraphe, nous avons retenu une valeur de densité moyenne égale à 2.185 $g/cm^3$2.185 g/cm^3 avec un écart type de 0.017 g/cm^3.

Sur la Figure III-38, on représente la courbe moyenne pour $m_{eq}(T)$, issue de l'essai mené jusqu'à 500°C à 0.2°C/min.

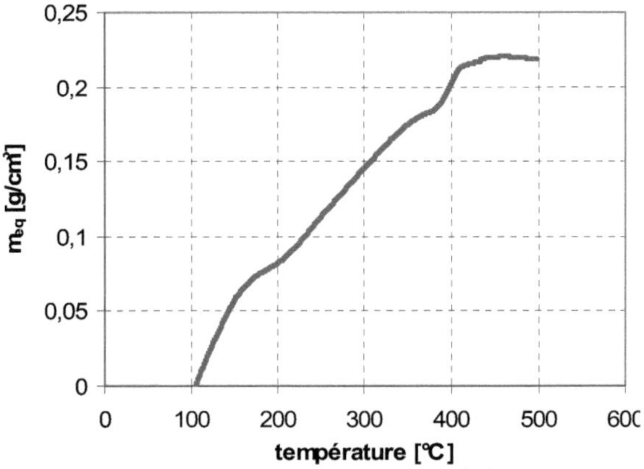

Figure III-38. Courbe de la déshydratation à l'équilibre $m_{eq}(T)$ en fonction de la température

Expression analytique de m_{eq} *(T)*

Nous allons essayer de tenter de donner une expression analytique de la courbe de déshydratation à l'équilibre mesurée jusqu'à la température de 500°C (Figure III-38). Cette courbe a une allure exponentielle. L'apparence « exponentielle » nous suggère de tenter une représentation dans les différentes échelles logarithmiques.

En représentant $\ln\left(-\ln\left(m_{eq}(T)\right)\right)$ en fonction de $\ln(T-105°C)$, nous pouvons approcher la courbe par une droite jusqu'à la température de 232°C. Il est à noter que dans le but de simplifier les calculs nous nous sommes intéressé directement au deuxième point d'inflexion aux alentours de 232°C.

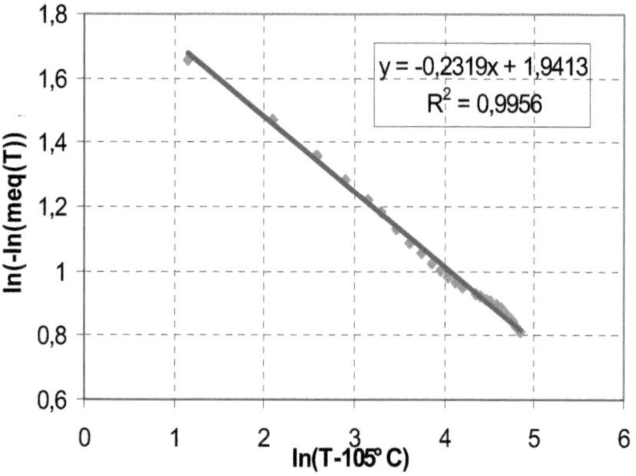

Figure III-39. Représentation du $\ln\left(-\ln\left(m_{eq}(T)\right)\right)$ en fonction de ln(T-105°C) pour T<232°C

Ainsi, cette première partie de la courbe peut être approchée par :

$$d_1(T) = \exp(-\exp(-0.2319.\ln(T-105)+1.9413))H(T-105) \qquad \text{(III.10)}$$

Pour pouvoir vérifier l'approximation analytique faite jusqu'à 232°C, on trace les fonctions $d_1(T)$ et $m_{eq}(T)$. Nous pouvons constater que les deux courbes coïncident jusqu'à la température de 232°C (Figure III-40)

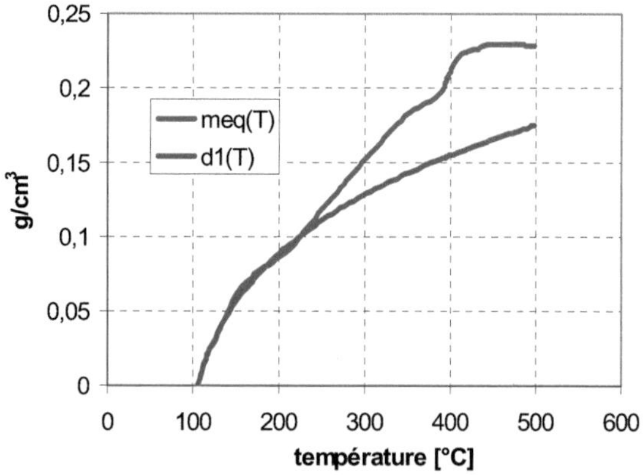

Figure III-40. $m_{eq}(T)$ et d₁(T) en fonction de la température

Ensuite, on trace $\ln\left(-\ln\left(m_{eq}(T)-d_1(T)\right)\right)$en fonction de $\ln(T-232°C)$pour les températures comprises entre 232°C et 392°C.
On constate que l'on peut valablement approcher la courbe par une droite (Figure III-41) et que l'écart, qu'on va noter $d_2(T)$, entre $m_{eq}(T)$ et $d_1(T)$ peut s'écrire comme :

$$d_2(T) = \exp(-\exp(-0.2232.\ln(T-232)+2.2563))H(T-232) \qquad \text{(III.11)}$$

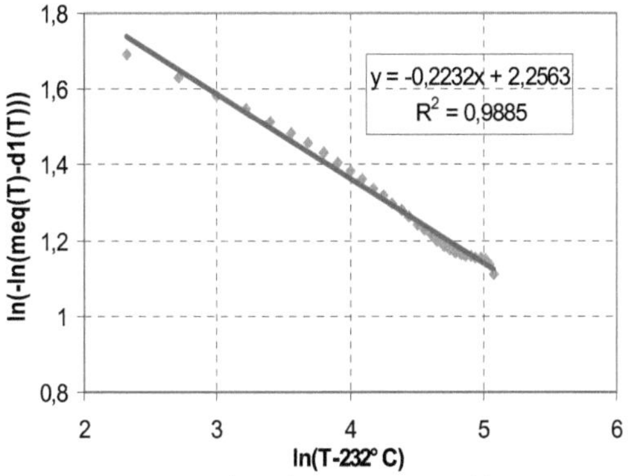

Figure III-41. Représentation du $\ln\left(-\ln\left(m_{eq}(T)-d_1(T)\right)\right)$**en fonction de ln(T-232°C) pour 232°C <T<392°C**

On trace maintenant les deux courbes $d_1(T)+d_2(T)$ et $m_{eq}(T)$ en fonction de la température. De même, on constate que les deux courbes coïncident jusqu'à la température de 392°C (Figure III-42).

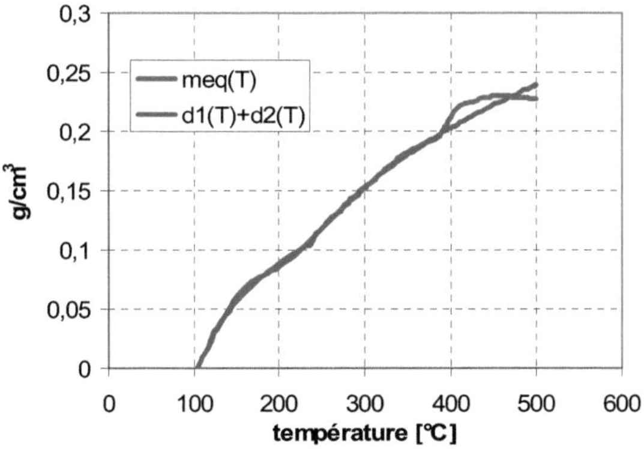

Figure III-42. Représentation de $m_{eq}(T)$ **et (d_1(T) + d_2(T)) en fonction de la température**

Traçons maintenant $\ln\left(-\ln\left(m_{eq}(T)-\left(d_1(T)+d_2(T)\right)\right)\right)$ en fonction de $\ln(T-392°C)$ pour les températures comprises entre 392°C et 412°C.

On constate que l'on peut approcher la courbe par une droite (voir Figure III-43) et que l'écart, qu'on va noter $d_3(T)$ entre $m_{eq}(T)$ et $d_1(T)+d_2(T)$, peut s'écrire comme :

$$d_3(T) = \exp(-\exp(-0.1484.\ln(T-392)+1.8687))H(T-392) \tag{III.12}$$

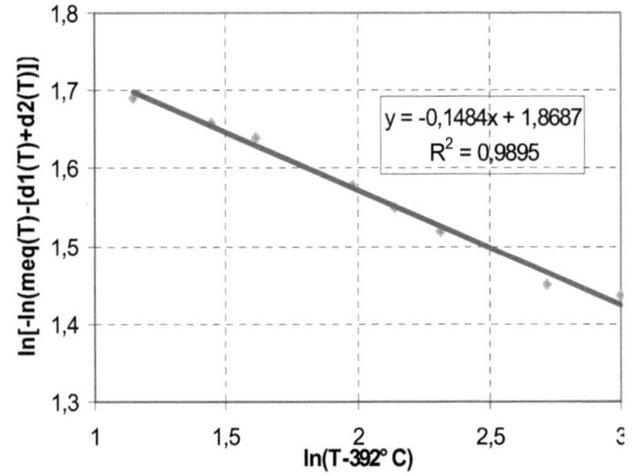

Figure III-43. Représentation du $\ln\left(-\ln\left(m_{eq}(T)-\left(d_1(T)+d_2(T)\right)\right)\right)$ en fonction de ln(T-392°C) 392°C< T<412°C

On trace maintenant les deux courbes $d_1(T)+d_2(T)+d_3(T)$ et $m_{eq}(T)$ en fonction de la température. Nous constatons que les deux courbes coïncident jusqu'à la température de 412°C (Figure III-44).

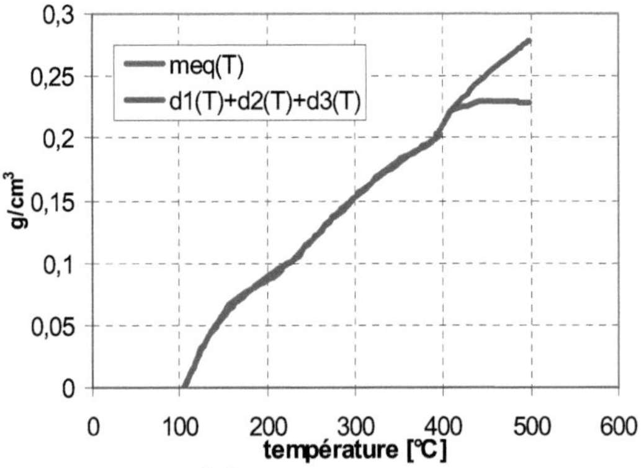

Figure III-44. Représentation de $m_{eq}(T)$ et (d_1(T) + d_2(T)+ d3(T)) en fonction de la température

Traçons maintenant $\ln\left(-\ln\left(m_{eq}(T)-\left(d_1(T)+d_2(T)+d_3(T)\right)\right)\right)$ en fonction de $\ln(T-412°C)$ pour les températures supérieures à 412°C.

On constate que l'on peut valablement approcher la courbe par une droite (Figure III-45) et que l'écart, qu'on va noter $d_4(T)$, entre $m_{eq}(T)$ et $d_1(T)+d_2(T)+d_3(T)$, peut s'écrire comme

$$d_4(T) = \exp(-\exp(-0.2371.\ln(T-412)+2.1665))H(T-412) \qquad \text{(III.13)}$$

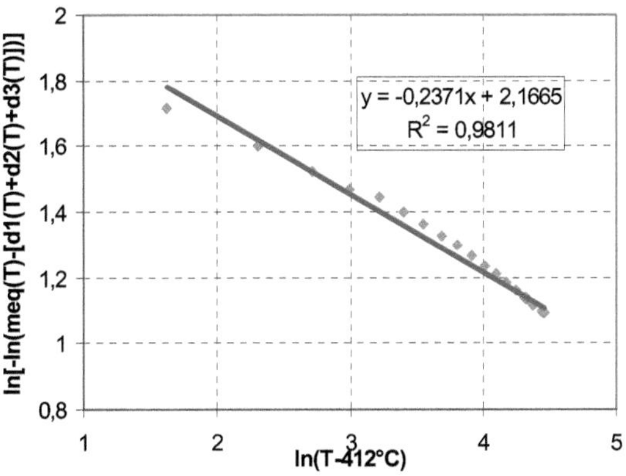

Figure III-45. Représentation du $\ln\left(-\ln\left(m_{eq}(T)-\left(d_1(T)+d_2(T)+d_3(T)\right)\right)\right)$ en fonction de ln(T-412°C) 392°C< T<412°C

Nous proposons donc l'expression analytique pour approcher la déshydratation à l'équilibre $m_{eq}(T)$:

$$\begin{aligned} m_{eq}(T) &= d_1(T)+d_2(T)+d_3(T)+d_4(T) \\ &= \exp(-\exp(-0.2319.\ln(T-105)+1.9413))H(T-105)+ \\ &\quad \exp(-\exp(-0.2232.\ln(T-232)+2.2563))H(T-232)+ \\ &\quad \exp(-\exp(-0.1484.\ln(T-392)+1.8687))H(T-392)+ \\ &\quad \exp(-\exp(-0.2371.\ln(T-412)+2.1665))H(T-412) \end{aligned} \qquad \text{(III.14)}$$

Cette dernière équation, présentant une forme assez complexe, peut être écrite sous une forme plus simple sous la forme :

$$\begin{aligned} m_{eq}(T) = &\exp\left(-6,9678.(T-105)^{-0.2319}\right)H(T-105)+ \\ &\exp\left(-9,4576.(T-232)^{-0.2232}\right)H(T-232)+ \\ &\exp\left(-6,479.(T-392)^{-0.2484}\right)H(T-392)+ \\ &\exp\left(-8,7276.(T-412)^{-0.2371}\right)H(T-412) \end{aligned} \quad \text{(III.15)}$$

La Figure III-46 montre que la courbe de tendance analytique est très proche de la courbe des pertes de masse $m_{eq}(T)$ mesurée expérimentalement.

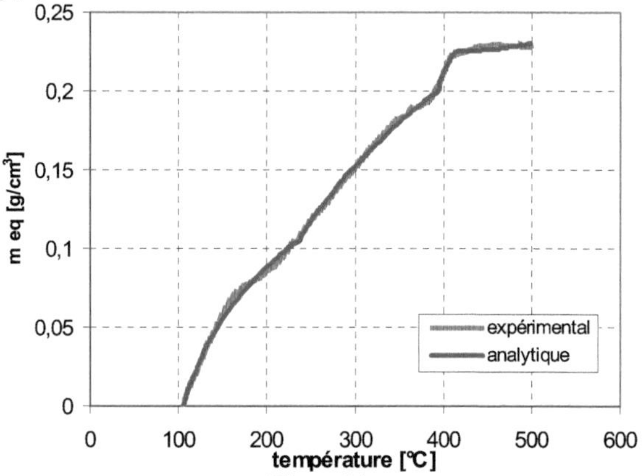

Figure 14

Figure III-46. Courbe de déshydratation à l'équilibre $m_{eq}(T)$ et courbe analytique en fonction de la température

III-3.2.4 Détermination de la relation d'évolution de la déshydratation

Il s'agit de proposer une relation permettant de déterminer l'évolution de la déshydratation $m_{dehy}(T)$ en fonction de l'histoire de la température. C'est à dire que l'on cherche à exprimer la vitesse de perte de masse $\dot{m}_{dehy}(T)$ en fonction d'un "écart à l'équilibre" $m_{dehy}(T)-m_{eq}(T)$ selon l'équation :

$$\dot{m}_{dehy} = -\frac{\langle m_{dehy} - m_{eq}(T)\rangle}{\tau_{dehy}} \quad \text{(III.16)}$$

Des essais réalisés par Pasquero (2004) sur des pâtes de ciment ordinaire ont montré que proposer une loi simple, permettant de prédire la cinétique de perte de masse de la pâte de ciment, était une tâche très complexe faisant intervenir un grand nombre de temps caractéristique τ_{dehy}. C'est pourquoi on va tenter de donner un temps caractéristique τ_{dehy} approximatif.

Il est à signaler que les valeurs de températures de nos paliers, pour les essais de fluage thermique transitoire sont : 150°C, 200°C, 300° et 400°C. Ainsi un essai de perte de masse avec des paliers dont les températures seront celles de nos essais de fluage thermique transitoire sera étudié au paragraphe suivant.

III-3.2.4.1 Essai de perte de masse

Dans cet essai, nous souhaitons parvenir à reproduire les même valeurs de température de paliers des essais de fluage thermique transitoire : 150°C, 200°C, 300°C et 400°C, la même valeur de montée en température égale à 1,5°C/min mais avec une durée de palier égale à 10h. L'évolution de la température et de la perte de masse en fonction du temps sont représentées par la Figure III-47 .

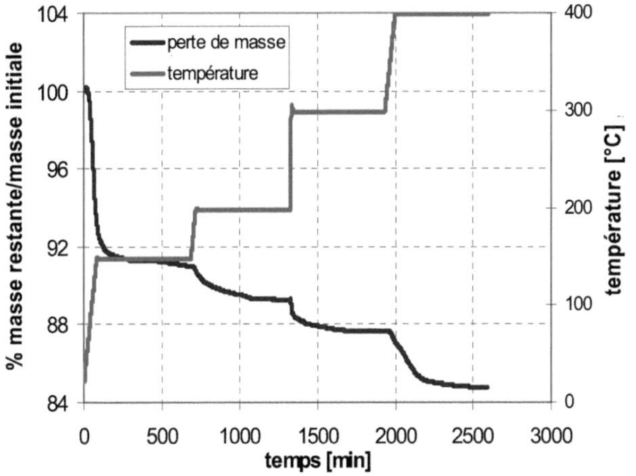

Figure III-47. Courbe de la perte de masse à l'équilibre du deuxième essai en fonction de la température et du temps

Il est à signaler que tous les essais qui ont été menés ont été faits sur le même échantillon. Il faut noter aussi que cet essai de perte de masse a été réalisé trois mois et demi après les essais ATD/ATG. Ceci a bien entendu induit une perte de la masse initiale de l'échantillon. Une comparaison entre les valeurs à la fin des quatre paliers avec la perte de masse à l'équilibre ne sera pas possible.

L'idée est alors, en regardant la courbe d'évolution de la perte de masse en fonction du temps à la fin de chaque palier, de prendre la valeur de la perte de masse à la fin de chaque palier comme étant la valeur de perte de masse à l'équilibre. Ce choix est fait car la courbe semble tendre vers une stabilisation de perte de masse surtout pour les paliers deux et trois correspondant aux valeurs de température 200°C et 300°C. Ceci est moins évident pour le premier palier de température à 150°C.

Nous pouvons, à l'aide des courbes de la Figure III-47, trouver l'écart à l'équilibre $m_{dehy}(T)-m_{eq}(T)$ pendant chacun des paliers. Les courbes sont présentées sur la Figure III-48.

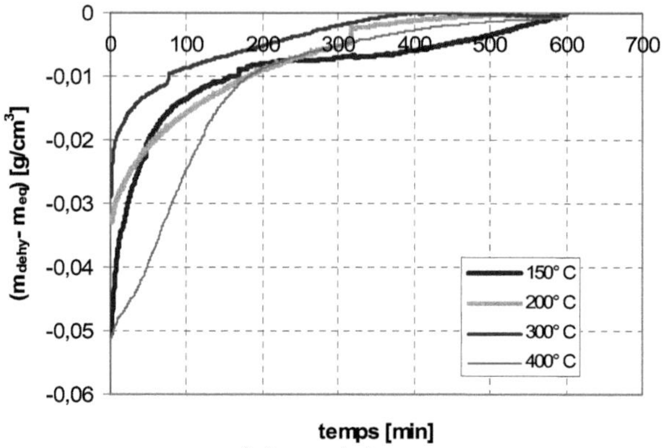

Figure III-48. Evolution des courbes $m_{dehy}(T)-m_{eq}(T)$ mesurées pour les paliers de T en fonction du temps du palier

Il semble par ailleurs, compte tenu de la forme des courbes de la Figure III-48 que l'on peut tenter de les décrire en faisant intervenir des temps caractéristiques.

La méthode classique utilisée pour approcher ce type de courbes consiste à identifier les plages de points qui décrivent le mieux possible l'allure de la courbe dans son ensemble: chaque courbe peut être décrite sous la forme d'une exponentielle, avec un temps caractéristique τ_{dehy} bien distinct. Pour chaque palier, nous déterminons le terme τ_{dehy} où $m_{eq}(T)-m_{dehy}(T)$ s'écrit sous la forme:

$$m_{eq}(T)-m_{dehy}(T)=\left(m_{eq}(T)-m_{dehy}(0)\right).e^{-\frac{t}{\tau_{dehy}}} \qquad \text{(III.17)}$$

Cette équation peut se mettre encore sous la forme :

$$\ln\left(m_{eq}(T)-m_{dehy}(T)\right)=\ln\left(m_{eq}(T)-m_{dehy}(0)\right)-\frac{t}{\tau_{dehy}} \qquad \text{(III.18)}$$

Cette écriture permet d'évaluer la valeur du temps caractéristique de décroissance de la masse τ_{dehy} pour chaque palier.

Palier à 150°C

Reportons, sur la Figure III-49, la courbe $m_{eq}(150°C)-m_{dehy}(T)$, exprimant la différence entre la valeur de la déshydratation à l'équilibre $m_{eq}(T)$ et la valeur de la déshydratation produite le long du palier $m_{dehy}(T)$. La courbe est exprimée en fonction du temps du palier en minutes et t = 0 correspond au début du palier à 150°C.

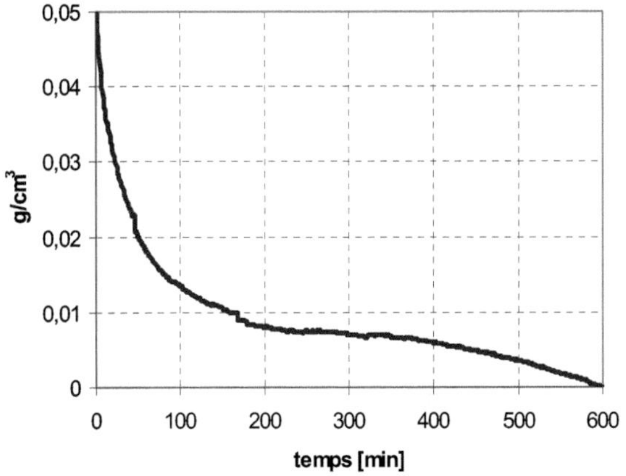

Figure III-49. Evolution de la courbe " $m_{eq}(150°C)-m_{dehy}(T)$ " en fonction du temps du palier à 150°C

Le but ici est de déterminer un seul temps caractéristique pour chaque palier. Notons aussi que le premier palier est le seul où il semble qu'il faut plus de temps pour la stabilisation.
Donnons ci-dessous (Figure III-50) une représentation logarithmique de $m_{eq}(150°C)-m_{dehy}(T)$ en fonction du temps du palier.

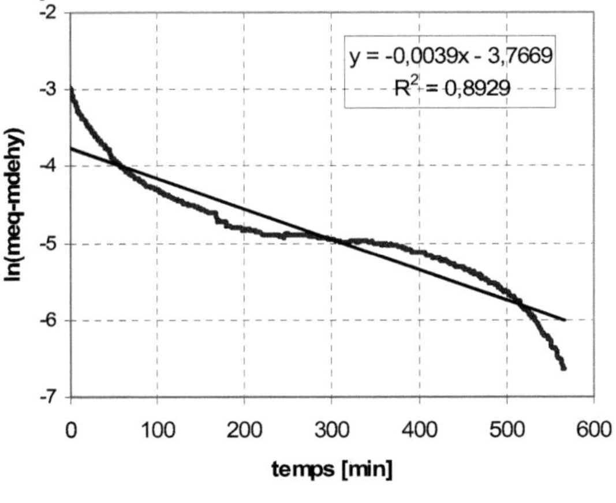

Figure III-50. Représentation de $\ln\left(m_{eq}(150°C)-m_{dehy}(T)\right)$ en fonction du temps du palier

Dans une représentation $\ln\left(m_{eq}(150°C)-m_{dehy}(T)\right)$ en fonction du temps, nous admettons d'approcher la courbe par une droite. Il est clair que c'est une approximation vu que $R^2=0.89$.

L'écriture sous la forme logarithmique permet donc d'évaluer le temps caractéristique τ^1_{dehy} de décroissance de la masse, ceci étant l'inverse du coefficient de la droite: τ^1_{dehy} est égal à **257 minutes** environ. Cette partie de la courbe est donc valablement approchée par

$$m_{eq}(150°C) - m_{dehy}(T) \approx 0.023 \cdot \exp(-0.0039 \cdot t) \quad \text{(III.19)}$$

Palier à 200°C

La Figure III-51 représente l'évolution de la courbe $m_{eq}(200°C) - m_{dehy}(T)$ en fonction du temps, exprimant la différence entre la valeur de la perte de masse à l'équilibre et celle de la perte de masse produite le long du palier à 200°C. Rappelons que $t = 0$ correspond au début du palier à 200°C et que la valeur de perte de masse à l'équilibre est choisie égale à celle mesurée à la fin du palier car il semble qu'on ait une stabilisation de la perte de masse.

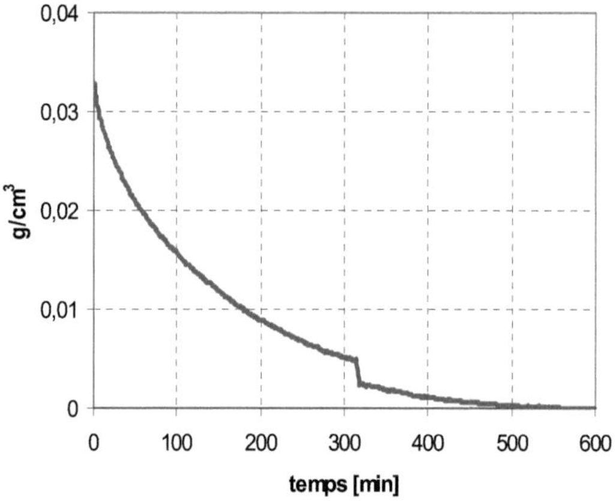

Figure III-51. Evolution de la courbe " $m_{eq}(200°C) - m_{dehy}(T)$ " en fonction du temps du palier à 200°C

La représentation dans une échelle logarithmique montre que la courbe est valablement approchée par une droite (Figure III-52) et que le temps caractéristique de décroissance de la masse τ^2_{dehy} est égal à **105 minutes** environ. Nous décrivons la courbe à travers l'expression analytique:

$$m_{eq}(200°C) - m_{dehy}(T) \approx 0.049 \cdot \exp(-0.0097 \cdot t) \quad \text{(III.20)}$$

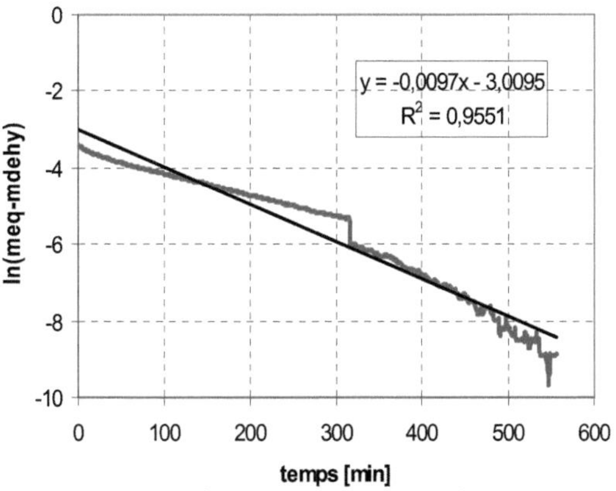

Figure III-52. Représentation de $\ln\left(m_{eq}\left(200°C\right)-m_{dehy}\left(T\right)\right)$ en fonction du temps du palier

Palier à 300°C

Passons maintenant à l'analyse de la courbe $m_{eq}\left(300°C\right)-m_{dehy}\left(T\right)$, décrivant la différence entre la valeur de la perte de masse à l'équilibre et celle de la perte de masse produite le long du palier pour la température stabilisé à 300°C (Figure III-53). La stabilisation ici est la plus nette des quatre paliers.

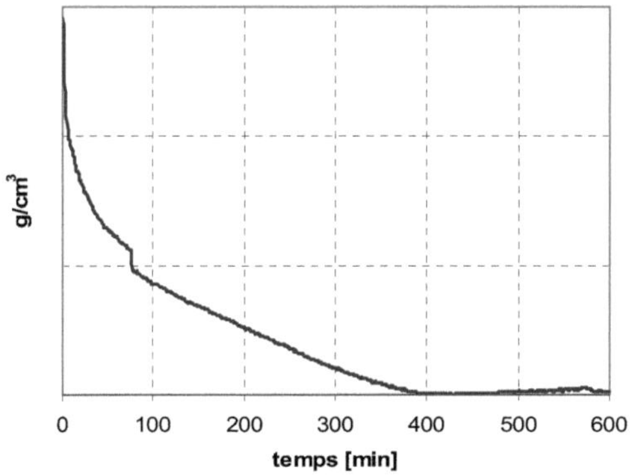

Figure III-53. Evolution de la courbe " $m_{eq}\left(300°C\right)-m_{dehy}\left(T\right)$ " en fonction du temps du palier à 300°C

Appliquons notre méthode en étudiant une représentation logarithmique $\ln\left(m_{eq}\left(300°C\right)-m_{dehy}\left(T\right)\right)$ en fonction du temps (Figure III-54). Nous pouvons approcher cette courbe par une droite avec un temps caractéristique de décroissance de la masse τ_{dehy}^{3} est égal à **122 minutes** environ. Ainsi, la courbe est donnée par l'expression analytique suivante :

$$m_{eq}\left(300°C\right)-m_{dehy}\left(T\right)\approx 0.022\cdot\exp(-0.0082\cdot t) \qquad \text{(III.21)}$$

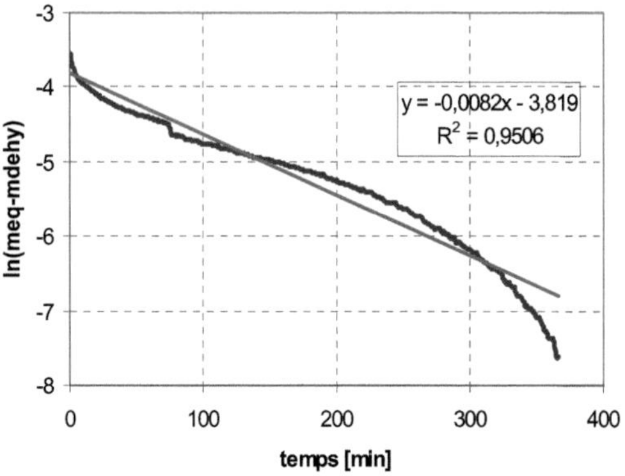

Figure III-54. Représentation de $\ln\left(m_{eq}\left(300°C\right)-m_{dehy}\left(T\right)\right)$ en fonction du temps du palier

Palier à 400°C

Sur la Figure III-55, on reporte la courbe $m_{eq}\left(400°C\right)-m_{dehy}\left(T\right)$ exprimant la différence entre la valeur de la déshydratation à l'équilibre $m_{eq}\left(T\right)$ et la valeur de la déshydratation produite le long du palier $m_{dehy}\left(T\right)$. Notons qu'ici, à la fin du palier, on a une tendance vers un début de stabilisation.

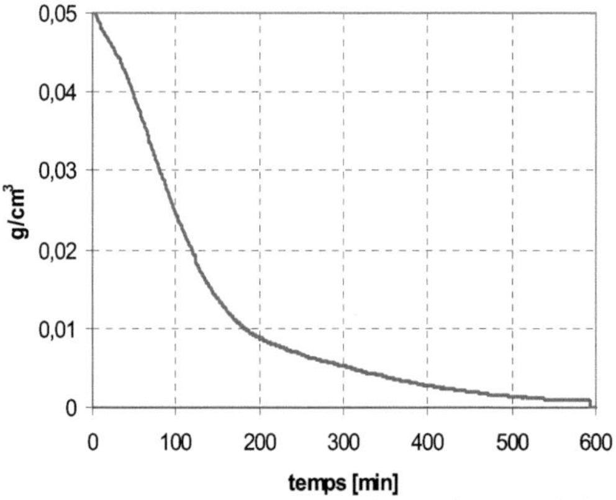

Figure III-55. Evolution de la courbe " $m_{eq}\left(400°C\right)-m_{dehy}\left(T\right)$ " en fonction du temps du palier à 400°C

La représentation de $\ln\left(m_{eq}\left(400°C\right)-m_{dehy}\left(T\right)\right)$ en fonction du temps du palier (Figure III-56) permet d'approcher la courbe par une droite et de déterminer un quatrième temps caractéristique τ^4_{dehy} pour ce palier égal à **140 minutes** environ.

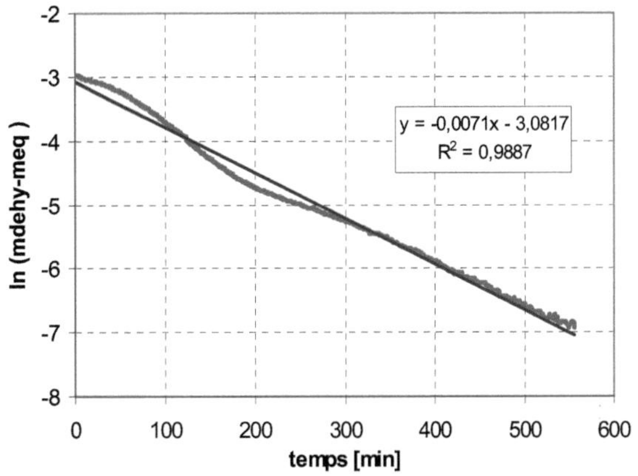

Figure III-56. Représentation de $\ln\left(m_{eq}\left(400°C\right)-m_{dehy}\left(T\right)\right)$ en fonction du temps du palier

La courbe $m_{eq}\left(400°C\right)-m_{dehy}\left(T\right)$ peut être donnée par l'expression analytique :

$$m_{eq}\left(400°C\right)-m_{dehy}\left(T\right)\approx 0.045\cdot\exp(-0.0071\cdot t) \qquad \text{(III.22)}$$

III-3.3 Conclusion

Pour cet essai de perte de masse, nous avons trouvé les 4 temps caractéristiques 257 min, 105 min, 122 min et 140 min correspondant aux paliers respectifs 150°C, 200°C, 300°C et 400°C. Ainsi on a obtenu un temps caractéristique de l'ordre de 4 heures pour le palier à 150°C et de l'ordre 2 heures pour les trois autres. Le temps caractéristique de 4 h pour le premier palier semble être justifié par les doubles réactions : élimination de l'eau libre par vaporisation et le début de la décomposition des C-S-H par déshydratation à partir de la température conventionnelle de 105°C. La valeur de 2 heures de temps caractéristique pour les trois autres paliers semble être le temps caractéristique de la déshydratation jusqu'à la température de 400°C.

Ainsi les deux paramètres de l'équation sont identifiés en utilisant des essais thermo-gravimétriques. Ces paramètres vont permettre de calculer les valeurs de $m_{dehy}\left(T\right)$ afin d'identifier le fluage de déshydratation.

III-4 Conclusion

Dans ce chapitre, une campagne expérimentale a été conduite afin de pouvoir identifier le fluage thermique transitoire comme une composante de fluage de dessiccation et une composante de fluage de déshydratation.

En effet, dans la première partie de ce chapitre, les résultats des essais de fluage thermique transitoire sur des éprouvettes de BHP chargé à 20% de sa résistance à la compression et chauffé jusqu'à 400°C ont été reportés. La vitesse de chauffage moyenne est égale à 1.5°C/min avec quatre paliers de températures (150°C, 200°C, 300°C, 400°C). Ces essais ont confirmé que le fluage thermique transitoire est une déformation qui se produit avec une cinétique qui doit être comparée à celle de la déshydratation. C'est l'objectif de la deuxième partie où la perte de masse par déshydratation de la pâte de ciment, du même BHP, a été déterminée avec des essais ATD/ATG. Ces essais ont permis de déterminer la déshydratation à l'équilibre et dans les mêmes conditions que celles des essais de fluage thermique transitoire (même paliers et vitesse de chauffage). En outre, ces essais ont confirmé aussi que la déshydratation n'est pas un processus instantané mais, un processus qui se produit avec une cinétique.
Les résultats des essais de fluage thermique transitoire, ainsi que ceux de la déshydratation seront utilisés afin d'identifier les deux paramètres α_{dc} de fluage de dessiccation et α_{hc} du fluage de déshydratation de l'équation (II.61). Cette identification ainsi que la validation de notre nouveau modèle de fluage thermique transitoire sera l'objectif du prochain chapitre.

CHAPITRE IV SIMULATION ET VALIDATION

IV.1 Introduction

On a développé dans les chapitres précédents, un nouveau modèle de fluage thermique transitoire permettant d'étudier le comportement du béton chargé soumis à de hautes températures. Afin de vérifier la capacité du modèle à reproduire ce comportement, des simulations numériques seront faites et comparées à des résultats expérimentaux.

Dans la première partie de ce chapitre, on s'intéresse à l'identification des deux paramètres α_{dc} de fluage de dessiccation et α_{hc} de fluage de déshydratation (Sabeur & al., 2006).

La deuxième partie concerne la validation du processus Thermo-Hydro-Chimico-Mécanique du fluage thermique transitoire en comparant les simulations numériques aux résultats expérimentaux pour différents chargements et différentes formulations du béton soumis à de hautes températures (Sabeur & Meftah, 2006).

Et finalement, dans la troisième partie, on simule un cycle de chauffage et refroidissement du béton sous charge afin de comprendre et d'analyser le comportement de la déformation du fluage thermique transitoire lors d'un chauffage suivi d'un refroidissement.

IV.2 Identification du fluage de dessiccation

Concernant la composante du fluage de dessiccation, une relation linéaire est considérée (équation (II.24)) nécessitant l'identification du paramètre α_{dc}. Ainsi, une simulation numérique (Sabeur & Meftah, 2005,2006) est réalisée afin de déterminer les profils de l'humidité relative au sein du spécimen et les températures correspondantes.

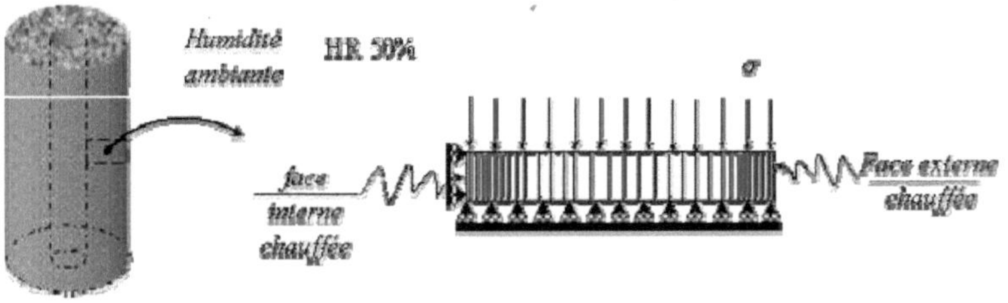

Figure IV-1. Maillage et conditions aux limites

La Figure IV-1 présente le maillage utilisé exploitant la symétrie axiale du problème. Une humidité relative égale à 50% est imposée aux limites avec des conditions de type convectives. En outre, une distribution homogène initiale de h_r au sein du spécimen a été considérée en raison de la protection du spécimen contre le séchage avant l'essai. Une valeur initiale égale à 83% a été considérée.

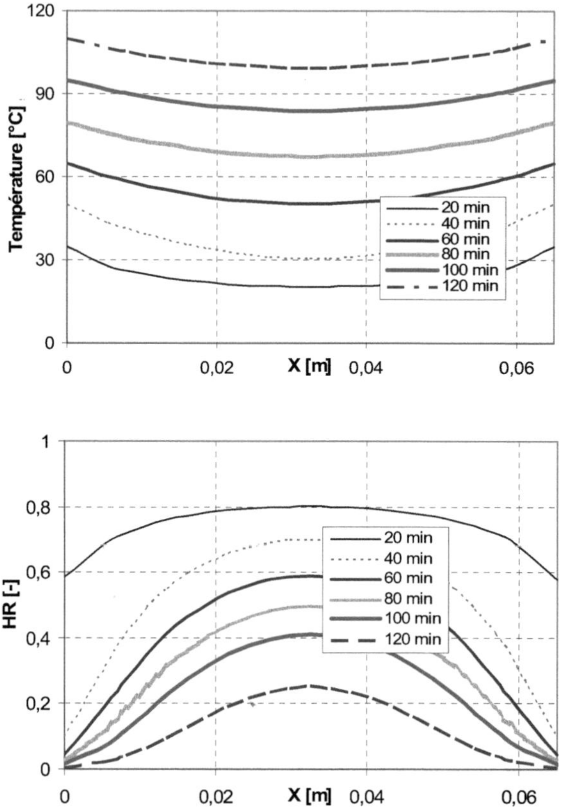

Figure IV-2. Distributions de la température (haut) et l'humidité relative correspondante (bas) au sein du spécimen pendant la phase de séchage

La Figure IV-2 présente la distribution, au sein du spécimen, de la température et de l'humidité relative à différents instants. La première montre un profil relativement régulier par contre la dernière montre un front de séchage qui se propage des extrémités vers l'intérieur du spécimen. Bien que l'humidité relative extérieure soit égale à 50%, les valeurs obtenues aux limites diminuent jusqu'à atteindre la valeur nulle. Ceci est dû à l'augmentation de la vapeur de pression saturante avec la température.

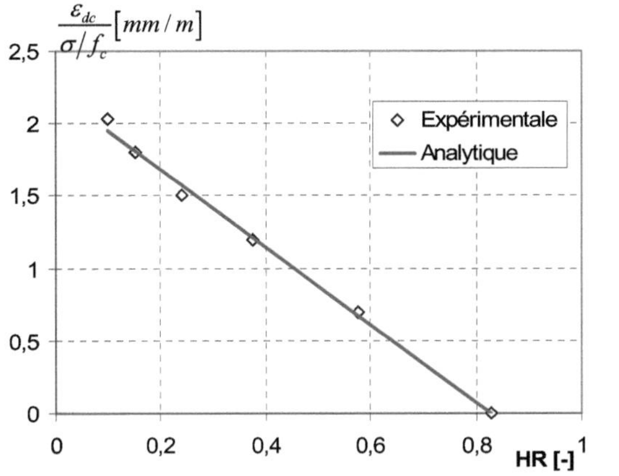

Figure IV-3. Fluage thermique transitoire en fonction de la valeur moyenne de l'humidité relative simulée

A chaque moment de l'essai, la moyenne spatiale de la température et de l'humidité relative sont calculées. Ainsi, les valeurs normalisées de la composante de dessiccation $\frac{\varepsilon_{dc}}{\sigma/f_c}$ du fluage thermique transitoire obtenues à partir de la Figure III-32, sont reportées sur la Figure IV-3 en fonction de la valeur moyenne calculée de h_r. Cette figure montre clairement la validité de la relation linéaire adoptée et permet d'identifier le paramètre du fluage de dessiccation

$$\alpha_{dc} = 2.7 \cdot 10^{-3} MPa^{-1} \tag{IV.1}$$

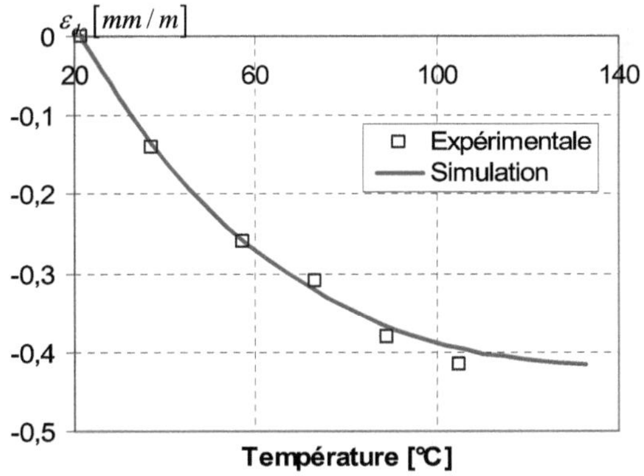

Figure IV-4. Fluage de dessiccation expérimental et simulé fonction de la température

Cette valeur est ensuite utilisée afin de simuler le fluage de dessiccation selon l'équation (II.24).

Sa valeur moyenne et la température de référence correspondante sont présentées sur la Figure IV-4 et comparée à celle mesurée expérimentalement dans nos essais de fluage thermique transitoire. On peut observer que, pour ce type de conditions, le fluage de dessiccation a atteint approximativement sa valeur asymptotique quand la température a atteint 110°C. Ceci signifie que, dans ce cas-ci et pour des températures supérieures à cette valeur de température, la partie restante de la déformation de fluage thermique transitoire mesurée est essentiellement due au processus de déshydratation qui commence à 105°C. Cependant, dans un cas plus général, le séchage peut continuer pour des températures plus importantes dépendant des conditions aux limites et des propriétés de transport du matériau. Ainsi le fluage de déshydratation peut être obtenu par une soustraction de la composante du fluage de dessiccation de la déformation du fluage thermique transitoire quand la température dépasse 105°C.

IV.3 Identification du fluage de déshydratation

On représente sur la Figure IV-5 les valeurs calculées de la fonction de déshydratation à l'équilibre (équation (III.15)) et celles de la déshydratation (équation (III.16)). Sur la même figure, on représente l'évolution expérimentale de la déformation du fluage thermique transitoire en fonction du temps.

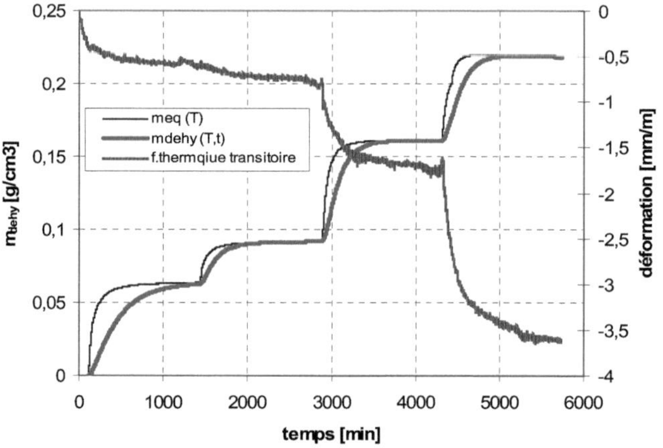

Figure IV-5. Fluage thermique transitoire, déshydratation et déshydratation à l'équilibre en fonction du temps

A partir de cette figure, on peut voir clairement que la stabilisation du fluage transitoire se produit approximativement au même moment que le processus de déshydratation particulièrement pour les trois premiers plateaux de température. La différence pour le dernier plateau à 400°C peut être expliqué par le début de la décomposition de la portlandite à cette température. Malgré cette dernière observation, on peut considérer ici que, pour la gamme de température [105°C, 400°C], le fluage thermique transitoire se produit avec la même cinétique que la déshydratation (Figure IV-5).

Les valeurs du fluage thermique transitoire à 150°C, 200°C, 300°C et 400°C peuvent être maintenant exprimées en fonction des valeurs correspondantes de la déshydratation (Figure IV-6). Cette figure montre une tendance parabolique de l'évolution du fluage thermique transitoire en fonction de la déshydratation. Ainsi, on obtient l'expression analytique suivante :

$$\varepsilon_{hc}\left(m_{dehy}\right) \approx -7\cdot 10^{-8}\left(m_{dehy}\right)^2 \quad \text{(IV.2)}$$

par la méthode des moindres carrés avec un coefficient de corrélation $R = 0.9908$

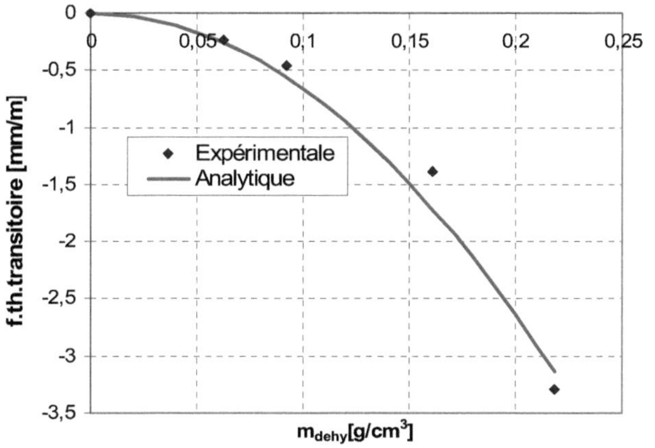

Figure IV-6. Fluage thermique transitoire en fonction de la déshydratation

Une expression incrémentale pour le fluage thermique transitoire peut être ainsi proposée. En effet, à partir de la Figure IV-6, l'incrément de la déformation du fluage thermique transitoire $d\varepsilon_{tc}$ est obtenu à partir de la dérivée de la déformation du fluage thermique transitoire ε_{tc} par rapport à la déshydratation $m_{dehy}\left(T\right)$ en utilisant la formule suivante :

$$d\varepsilon_{tc} = \frac{\partial \varepsilon_{tc}}{\partial m_{dehy}}\frac{\sigma}{f_c}dm_{dehy} = \alpha_{hc}\frac{\sigma}{f_c}dm_{dehy} \quad \text{(IV.3)}$$

Grâce à la forme parabolique de la courbe analytique, une relation linaire pour α_{hc} est obtenue (dérivée de la courbe dans la Figure IV-6)

$$\alpha_{hc} = 7\cdot 10^{-7}m_{dehy} \quad \text{(IV.4)}$$

IV.4 Fluage thermique transitoire

Le but de ces simulations est l'investigation de la capacité du modèle proposé à prédire le comportement thermo-mécanique transitoire du béton. Pour atteindre cet objectif, les résultats de ces simulations seront comparés à ceux obtenues par Hager (2004) dont la configuration de référence diffère de celle utilisée dans la procédure d'identification. Ces tests de fluage thermique transitoire ont été réalisés sur un béton ordinaire (M30C) et sur trois types de béton de hautes performances (M75C,M75SC et M100C). Notons ici que le M100C correspond au même type de BHP utilisé lors de nos essais de fluage thermique transitoire mais avec des valeurs différentes de modules d'Young et de résistance à la compression.

Formulation	M30C	M75C	M75SC	M100C
f_c [MPa]	39.3	99.8	89.4	120.7
E [GPa]	36.1	47.5	48.8	50.8

Tableau IV-1. Module d'Young et résistance à la compression initiale pour différentes formulations

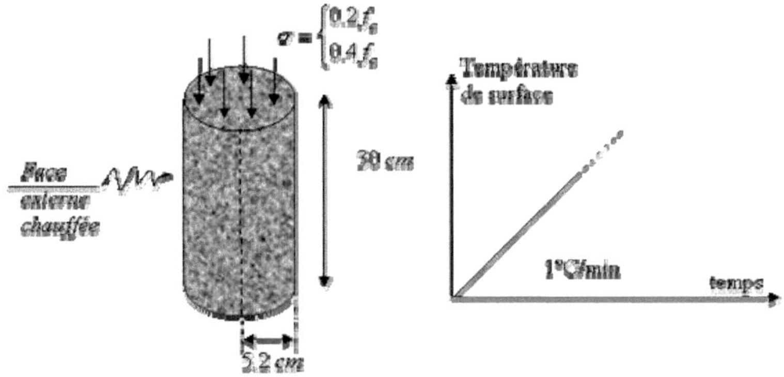

Figure IV-7.Conditions de l'essai de fluage thermique transitoire

Les spécimens de l'essai du fluage thermique transitoire ont un diamètre de 104 mm et une longueur de 300 mm et sont chauffés avec un taux de chauffage égal à 1°C/min. En outre, deux taux de chargements sont considérés 20% et 40% de la résistance à la compression. La variation du module d'Young et celle de la résistance à la compression sont déjà connues pour chaque formulation. Leurs valeurs à température ambiante sont données dans le Tableau IV-1.

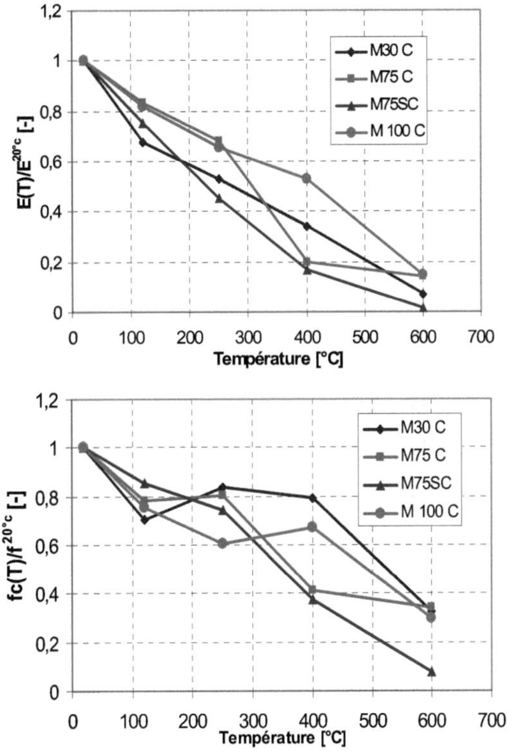

Figure IV-8.Evolution du module d'Young et de la résistance à la compression normalisés avec la température

Des simulations numériques identiques à celles de la procédure d'identification sont réalisées pour chaque formulation afin de déterminer l'humidité relative, la température, la déshydratation et les déformations. La symétrie axiale est exploitée et les conditions expérimentales de chauffage sont imposées à l'extrémité extérieure des cylindres (Figure IV-8).

A titre d'illustration, la Figure IV-9 représente la température et l'humidité relative au sein du spécimen M100C à différents instants jusqu'à la température de 400°C. A cause de la vitesse lente de chauffage, la distribution de température à l'intérieur du spécimen reste quasi uniforme pendant toute la durée de la simulation. En outre, les conditions hygrométriques montrent que le spécimen a besoin de plus de temps pour le séchage comparé à la configuration de référence. C'est pourquoi, la composante du fluage de dessiccation du fluage thermique transitoire continue d'évoluer même après que la composante du fluage de déshydratation ait commencé à 105°C. Cependant, la contribution du séchage reste petite en comparaison par rapport à celle de déshydratation.

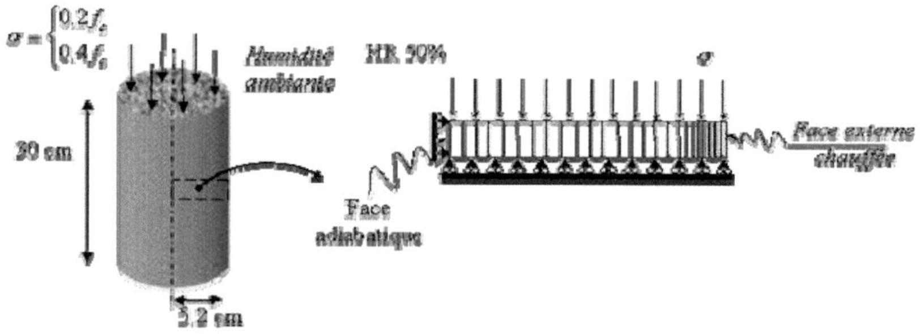

Figure IV-9.Maillage et conditions initiales

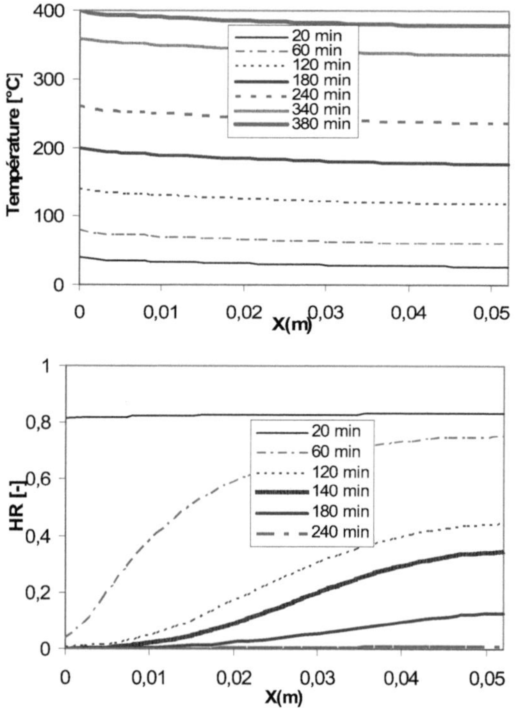

Figure IV-10.Distributions de la température (haut) et de l'humidité relative au sein du spécimen

Les Figure IV-11 à Figure IV-14 représentent la comparaison entre les résultats expérimentaux et ceux numériques de la valeur moyenne de la déformation thermique libre ε_{th} (Thermique), la déformation totale ε (Totale) à partir de laquelle la déformation élastique initiale à été retranchée et la déformation du fluage thermique transitoire ε_{tc} (Transitoire) pour les deux taux de chargements.

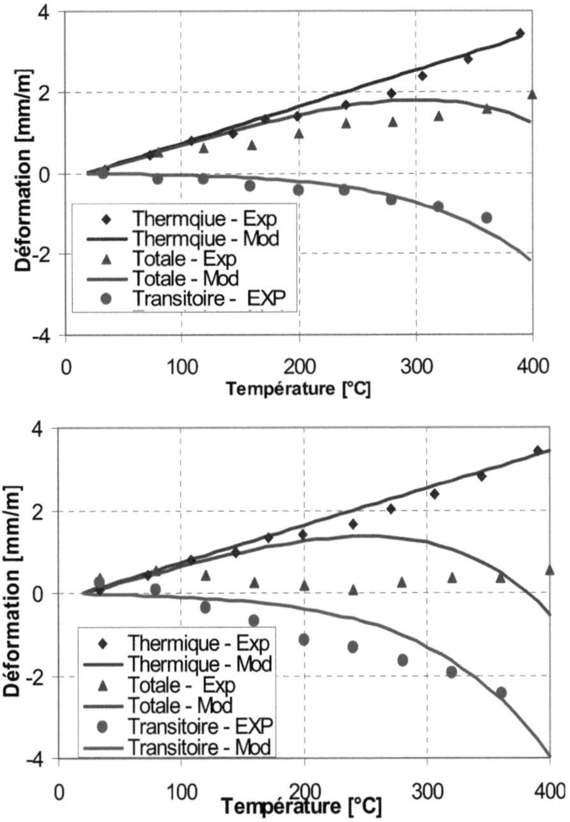

Figure IV-11.Comparaison des résultats numériques et expérimentaux pour le M30C chargé à 20% (haut) et à 40% (bas) de la résistance à la compression

Les simulations numériques des différentes déformations citées dans le paragraphe précédent montrent une bonne concordance avec les résultats expérimentaux pour le béton ordinaire (Figure IV-11) et les bétons à haute performance (Figure IV-12 à Figure IV-14). Cependant, une certaine différence est à noter pour le cas de la prédiction de déformation totale pour le béton ordinaire M30C chargé à 40% de la résistance à la compression.

En effet, la déformation totale expérimentale mesurée montre une inflexion soudaine inexplicable à 200°C.

Néanmoins, les résultats obtenus montrent que, considérant la déshydratation (équation (III.16)) comme le processus moteur du fluage thermique transitoire pour des températures supérieures à 105°C permet de prédire les valeurs expérimentale de cette déformation du béton pour différents taux de chauffage. En plus, la proportionnalité entre le fluage thermique transitoire et le taux de chargement est aussi validée. En effet, pour n'importe quelle formulation considérée, on note la nette concordance des résultats numériques (équation (II.24)) et expérimentales pour les deux taux de chargement. Ceci justifie la linéarité du fluage thermique transitoire par rapport à la contrainte lorsque celle-ci reste inférieure à 40% de la résistance à la compression (Sabeur & Mefath, 2006).

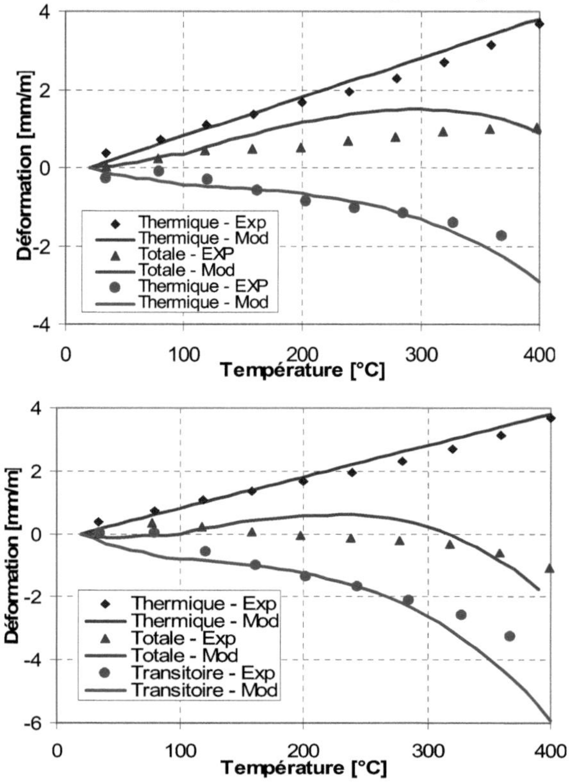

Figure IV-12.Comparaison des résultats numériques et expérimentaux pour le M75C chargé à 20% (haut) et à 40% (bas) de la résistance à la compression

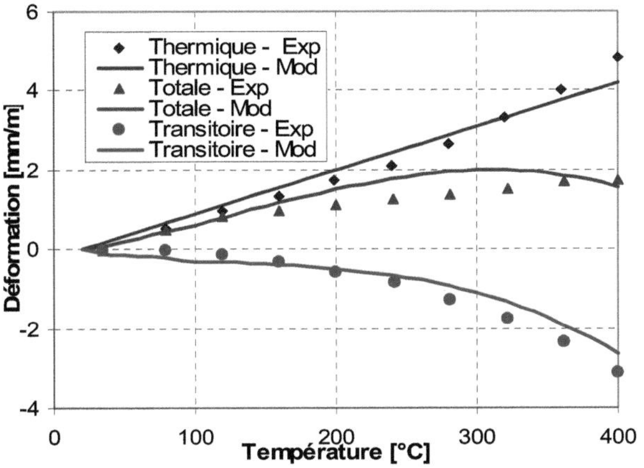

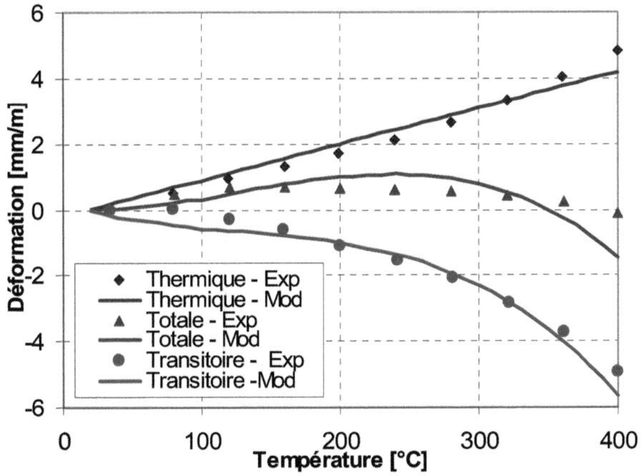

Figure IV-13.Comparaison des résultats numériques et expérimentaux pour le M75SC chargé à 20% (haut) et à 40% (bas) de la résistance à la compression

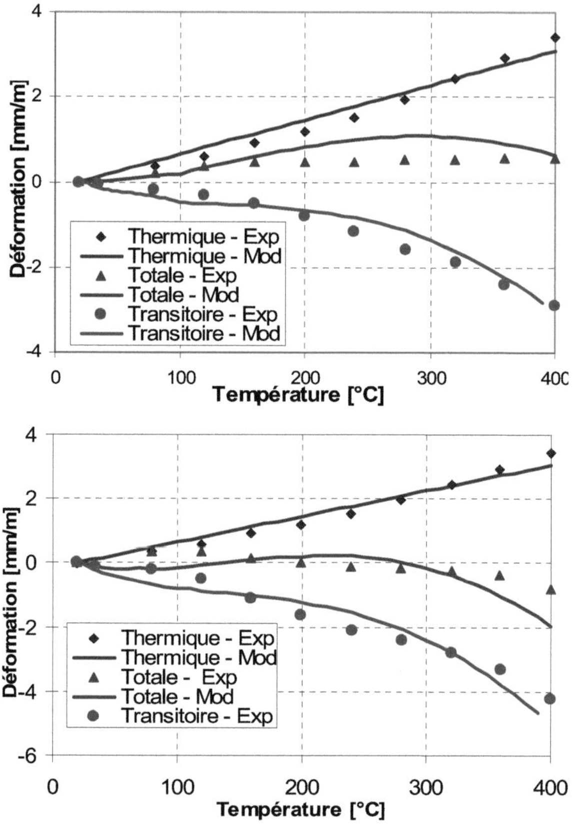

Figure IV-14.Comparaison des résultats numériques et expérimentaux pour le M100C chargé à 20% (haut) et à 40% (bas) de la résistance à la compression

IV.5 CYCLE CHAUFFAGE REFROIDISSEMENT

Le but de cette partie est de simuler le comportement du béton avec le modèle proposé pendant un cycle de chauffage et refroidissement. Cette simulation traite le cas du BHP M100C, chargé à 20% de sa résistance à la compression, avec les mêmes caractéristiques mécaniques, mêmes conditions d'essai et même maillage que dans le paragraphe précédent. Nous supposons que la vitesse de refroidissement est égale à celle de la montée, c'est à dire 1°C/min. En outre et afin de simuler le comportement du béton en phase de refroidissement, nous avons recours aux résultats expérimentaux concernant la valeur moyenne de la variation du module d'Young et de la déformation thermique libre pendant cette phase.

En ce qui concerne le module d'Young, nous avons deux valeurs : à 300°C on a $\frac{E(T)}{E^{20°C}} = 0.618$ et à la fin du refroidissement, à la température de 20°C on a $\frac{E(T)}{E^{20°C}} = 0.378$.

Sur la Figure IV-15, nous représentons l'évolution de la déformation thermique libre en fonction de la température dans la phase de refroidissement.

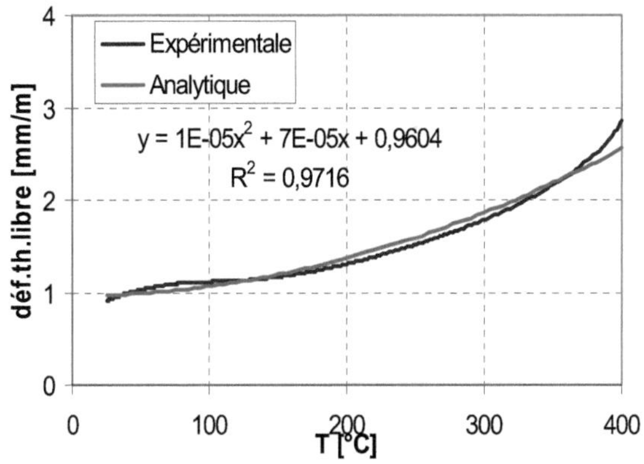

Figure IV-15.Evolution de la déformation thermique libre dans la phase de refroidissement

A partir de cette courbe, on peut noter que la déformation thermique libre a une forme parabolique asymptotique dans la phase de refroidissement. Une expression incrémentale pour la déformation thermique libre peut être ainsi proposée. En effet, l'incrément de cette déformation $\dot{\varepsilon}_{th}^{RE}$ est donné en fonction de l'incrément de température selon l'équation :

$$\dot{\varepsilon}_{th}^{RE} = \left(\alpha_{th}^{RE} T + \beta^{RE}\right)\dot{T} \tag{IV.5}$$

avec $\alpha_{th}^{RE} = 2 \cdot 10^{-5}$ et $\beta^{RE} = 7 \cdot 10^{-5}$

Sur la Figure IV-16, on représente l'évolution de la déformation thermique libre $\boldsymbol{\varepsilon}_{th}$ (Thermique), la déformation totale $\boldsymbol{\varepsilon}$ (Total) et la déformation du fluage thermique transitoire (Transitoire) en fonction de la température et du temps pour un cycle de chauffage (CH)- refroidissement (RE).

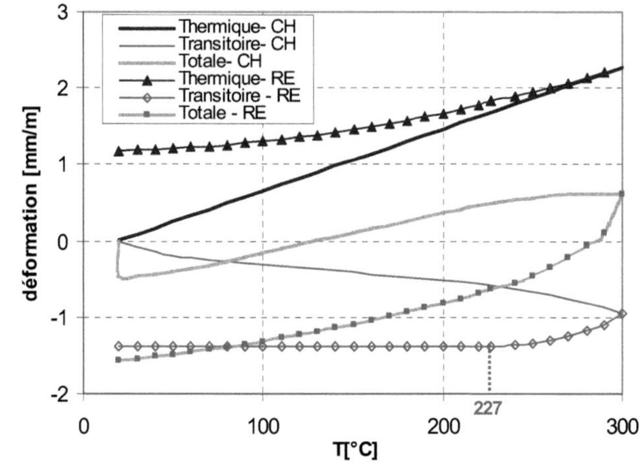

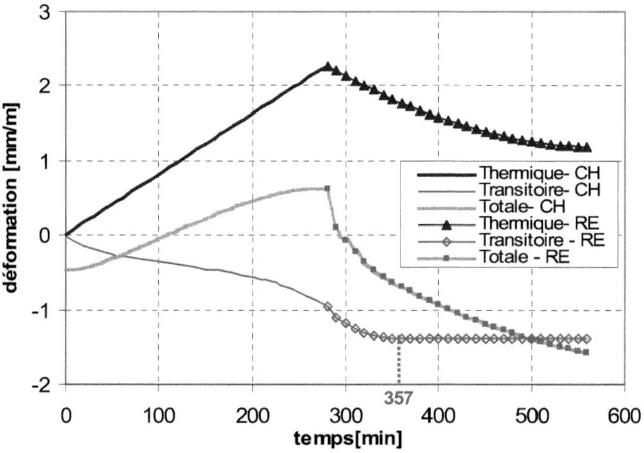

Figure IV-16.Cycle de chauffage refroidissement pour M100C chargé à 20% en fonction de la température (en haut) et du temps (en bas)

A partir de cette courbe, la première observation qu'on peut noter est l'irréversibilité de la déformation du fluage thermique transitoire. En outre, on remarque aussi que cette déformation continue à se produire dans la phase de refroidissement jusqu'à une température de refroidissement égale 227°C pour un temps correspondant égal à 357 min. Après cette température, il y a une stabilisation de la déformation du fluage thermique transitoire.

Afin de comprendre le rôle de la déshydratation sur le contrôle du fluage thermique transitoire, une représentation simultanée de la déshydratation m_{dehy}, de la déshydratation à l'équilibre $m_{eq}(T)$ et de la déformation du fluage thermique transitoire en fonction du temps est donnée par la Figure IV-17 .

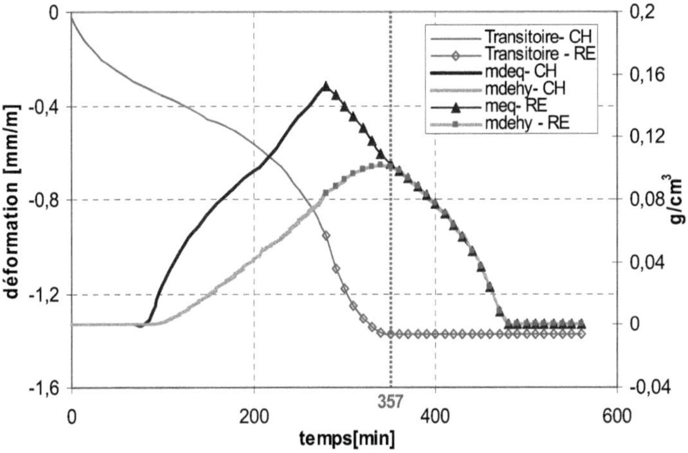

Figure IV-17. Fluage thermique transitoire, déshydratation m_{dehy} et déshydratation à l'équilibre m_{eq} en fonction du temps

Cette dernière figure montre bien l'effet, à la base de la construction du nouveau modèle, de la cinétique de déshydratation sur celle du fluage thermique transitoire. En effet, vu la présence de la cinétique, le fluage de déshydratation continue à se produire tant que $\dot{m}_{dehy} > 0$. Ceci correspond, sur la Figure IV-17, au temps où l'on a égalité entre $m_{dehy}(T)$ et $m_{eq}(T)$ et donc à la température correspondant à la valeur de déshydratation d'équilibre maximale atteinte (dans notre cas cette température est égale à 227°C).

Ceci diffère des lois constitutives proposées par Anderberg et Thelanderson (1973) et utilisées par plusieurs auteurs (Nechnech et al., 2002, Gawin et al.,2004, De Borst et Peeters, 1989) dans lesquelles le fluage thermique transitoire dépend de la température maximale atteinte pendant le chauffage.

IV.6 CONCLUSION

Dans ce chapitre, une première partie a été consacrée à l'identification des deux paramètres de fluage de dessiccation et de déshydratation à travers des simulations numériques. En outre, dans cette première partie, la cinétique de la déformation du fluage thermique transitoire a été comparée à celle de la déshydratation. Cette comparaison a montré que ces deux processus se produisent avec une cinétique comparable.

Dans la deuxième partie de ce chapitre, le modèle numérique de fluage thermique transitoire a été validé en simulant le comportement de différentes formulations de béton soumis à différentes charges et conditions de chauffage. Les résultats de simulation permettent de prédire de façon satisfaisante les résultats expérimentaux. Ceci montre la pertinence de prendre la déshydratation comme le mécanisme moteur de la déformation de fluage thermique transitoire. Ce choix a été en plus confirmé à travers la simulation d'un cycle de chauffage refroidissement dans la troisième partie. Nous avons pu montrer que le processus de fluage thermique transitoire ne dépend pas de la température maximale atteinte, mais continue à se produire jusqu' à la valeur de la déshydratation à l'équilibre maximale atteinte au cours d'un cycle de chauffage refroidissement.

CONCLUSION GENERALE

L'objectif de ce travail était de développer un modèle numérique couplé pour la modélisation de la déformation de fluage thermique transitoire pour des températures inférieures à 400°C et des taux de contraintes ne dépassant pas les 40% de la résistance à la compression du béton. En outre ce modèle numérique est basé sur le couplage entre le transport de masses (gaz et liquide) et de chaleur et leurs effets mécaniques (dégradation des propriétés mécaniques du béton).

La partie bibliographique du premier chapitre de ce travail de thèse a mis l'accent sur la difficulté de déterminer avec aisance les propriétés thermo-hydro-mécanique du béton soumis à de hautes températures à cause du caractère couplé des nombreux phénomènes qui s'y produisent. Par conséquence, les expressions de ces propriétés doivent tenir compte de ces différents processus.

Dans le deuxième chapitre, un nouveau modèle pour le fluage thermique transitoire est élaboré. Ce modèle met en corrélation une partie du fluage thermique transitoire avec le processus de déshydratation du matériau. Ce modèle est proposé dans le cadre d'une approche thermo-hydro-mécanique à trois fluides. Le transport de masse et de chaleur prend en compte les phénomènes de conduction, de convection, de changement de phase de l'eau (évaporation/condensation) et du processus de déshydratation du matériau. Pour le comportement mécanique, un modèle élasto-plastique endommageable est adopté. Il prend en compte l'adoucissement thermique des propriétés mécaniques ainsi que les pressions de pores agissant sur le squelette solide. Afin de reproduire correctement le comportement asymétrique du béton en compression et en traction, un critère de plasticité multi-surface a été utilisé. L'endommagement, quand à lui, a été décomposé en deux parties : un endommagement d'origine thermique et un deuxième d'origine mécanique. Le premier est dû aux changements physico chimiques dans le squelette solide par augmentation de température. Le deuxième est causé par l'initiation et l'augmentation des microfissures qui sont dues aux contraintes effectives dans le squelette solide.

Pour le fluage thermique transitoire, nous avons proposé une nouvelle modélisation où cette déformation est décomposée en fluage de dessiccation et en une composante originalement introduite de fluage de déshydratation. Ce dernier est contrôlé par la cinétique du processus de déshydratation et une variable de déshydratation est définie afin d'en contrôler le processus pour des températures inférieures à 400°C et des taux de contraintes inférieurs à 40% de la résistance à la compression. La permière limitation est liée à la gamme de température pouvant être couverte par la campagne expérimentale mise en place. La deuxième limitation traduit le seuil au dela duquel le fluage thermique transitoire ne peut plus être considéré comme proportionnel à la contrainte. Par ailleurs, ce nouveau modèle permet de reproduire l'irréversibilité du fluage thermique transitoire lors du refroidissement ainsi que son absence lors d'un deuxième cycle de chauffage.

Le protocole d'identification du fluage thermique transitoire montre le besoin de recourir à la fois à une campagne expérimentale et à des simulations numériques. Ces dernières permettent notamment de quantifier les conditions thermo-hydriques transitoires dans l'éprouvette pour pouvoir isoler les composantes de dessiccation et de déshydratation à partir des mesures expérimentales.

Par la suite, le modèle proposé a été utilisé avec succès dans la prédiction du comportement de différentes formulations de bétons (BO et BHP) soumises à différentes conditions d'essai. Les résultats de simulation permettent de reproduire de façon satisfaisante les différentes composantes des déformations mesurées expérimentalement.

La validité de l'hypothèse du rôle moteur de la cinétique de déshydratation sur le fluage thermique transitoire a été vérifiée en simulant un cycle de chauffage–refroidissement. Cette simulation a montré que la déformation du fluage thermique transitoire ne dépend pas de la température maximale atteinte, mais continue à se produire jusqu'à ce que la valeur de la déshydratation ait atteint la valeur de la déshydratation à l'équilibre qui varie avec la température. Ceci diffère d'un modèle basé sur une dépendance uniquement en température du fluage thermique transitoire. La différence est d'autant plus marquée lorsque les vitesses de température sont importantes. Or les essais existants dans la littérature ne sont pas suffisamment rapides pour mettre en évidence ce phénomène, ce qui pourrait expliquer en partie le choix d'une dépendance en température.

En perspective à ce travail, nous proposons une extension de la gamme de température de sorte à prendre en compte l'effet de la déshydratation de la portlandite qui commence à 450 °C. L'effet de la cinétique de déshydratation pourrait être mieux mis en évidence avec des montées en température supérieures à 1.5°C/min, vitesse adoptée dans cette étude. Il est important de signaler ici que, le modèle proposé conduit à une diminution significative du fluage thermique transitoire lorsque la vitesse de chauffage augmente. Dans ce cas, les contraintes ne sont plus suffisamment relaxées ce qui conduit à un endommagement plus important du matériau et explique donc éventuellement en partie son écaillage.

Un autre point qui a besoin de plus de développements est l'extension du modèle au comportement en traction ainsi qu'à des sollicitations multiaxiales ce qui nécessitera la mesure d'un coefficient de fluage thermique transitoire.

REFERENCES

Ahmed G. N. and Hurst J. P. (1995), Modelling the thermal behaviour of concrete slabs subjected to the ASTM E119 standard fire conditions, J. Fire Protection Engrg., 7 (4), 125-132

Alnajim A., Meftah F. and Mebarki A. (2003), *A non-saturated porous medium approach for the modelling of concrete behaviour submitted to high temperatures*, Euro-C Computational Modeling of Concrete Structures, Pongau, Autriche, 17-20 Mars.

Alnajim A. (2004), Modélisation et simulation du comportement du béton sous hautes températures par une approche thermo-hygro-mécanique couplée. Application à des situations accidentelles. Thèse de doctorat, UMLV, France, 172 p

Anderberg Y. and Thelandersson S. (1973), *Stress and deformation characteristics of concrete at high temperature*, Lund Institute of technology (Sweden) : Division of Structural Mechanics and Concrete Construction, 84p. Internal rep. no Alba15/04-01.

Anderberg Y and Thelandersson S. (1976), *Stress and deformation characteristics of concrete at high temperature: 2.* Bulletin 54, Lund Institute of Technology, Lund.

Anderberg Y. (1997), *Spalling phenomena of HPC and OC. Proc., In Workshop on Fire Performance of High-Strength Concrete*, NIST Spec. Publ. 919, L. T. Phan, N. J. Carino, D. Duthinh, and E. Garboczi, (eds), National Institute of Standards and Technology, Gaithersburg, Md., 69-73.

Baroghel-Bouny V. (1994), *Caractérisation des pâtes de ciment et des bétons. Méthodes, analyse, interprétation,* Thèse de doctorat de l'ENPC, Paris, 468 p.

Baroghel-Bouny V., Chaussadent T., Croquette G., Divet L., Gawsewitch J., Godin J, Henry D., Plateret G. and Villain G. (2002), Méthodes d'essai : Caractéristiques microstructurales et propriétés relatives à la durabilité des bétons. Méthodes de mesure et d'essai de laboratoire. Thechnical Report 58, LCPC, février 2002.

Baker G. (1996), The effect of exposure to elevated temperatures on the fracture energy of plain concrete. Materials and Structures, 1996, vol 29, n°190,p 383-388

Bažant Z. P. and Najjar L. J. (1972), *Nonlinear water diffusion in nonsaturated concrete*, Matériaux Constructions, Paris, 5(25):3-20.

Bažant Z. P. and Thonguthai W. (1978), *Pore pressure and drying of concrete at high temperature*, In J. Eng. Mech. Div. ASCE. 104: 1059-1079.

Bažant Z.P. and Chern J.C (1985), Concrete creep at variable humidity: constitutive law and mechanism. Materials and Structures 18 :1-20.

Bažant Z. P. and Kaplan M. F. (1996), *Concrete at High Temperatures: Material Properties and Mathematical Models*, Harlow: Longman

Bažant Z. P. (1997), *Analysis of pore pressure: thermal stresses and fracture in rapidly heated concrete*, Proc, In Workshop on Fire Performance of High-Strength Concrete, NIST Spec. Publ. 919, L. T. Phan, N. J. Carino, D. Duthinh, and E. Garboczi, (eds), National Institute of Standards and Technology, Gaithersburg, Md., 155-164.

Benboudjema F. (2002), *Modélisation des déformations différées du béton sous sollicitations biaxials. Application aux enceintes de confinement de bâtiments réacteurs des centrals nucléaires*, Thèse de doctorat, UMLV, France, 258 p.

Benboudjema. F, Meftah F. and Torrenti J.M. (2005), Interaction between drying, shrinkage, creep and cracking phenomena in concrete. Eng. Struc. 27: 239-250.

Benboudjema F., Meftah F and Torrenti J.-M (2006), A viscoelastic approach for the assessment of the drying shrinkage behaviour of cementitious materials, accepted at Materials and Structures.

Bourgeois F., Burlion N. and Shao J.F. (2002), *Modelling of elastoplastic damage in concrete due to desiccation shrinkage,* International Journal for Numerical and Analytical Methods in Geomechanics, 26, p. 759-774

Campbell-Allen and Desai P.M (1967), The influence of aggregate on the behavior of concrete at elevated temperatures. Nuclear Engineering and Design, 1967, vol6, n°1,p 65-77.

Castillo C. and Durrani A.J. (1990), 'Effect of transient high temperature on high-strength concrete', ACI Materials Journal, Jan-Feb 1990, pp 47-53.

Cheyrezy M. (2000), Comportement au feu des BHP. Continuing Education Course on Fire Security and Concrete Structures, Ecole Nationale des Ponts et Chaussées, Paris, 7pp.

Colina H. (2000), Etude du fluage thermique transitoire du béton. Advancement Report of CEA-ENPC Research Project, 27pp

Colina, H. & Sercombe, J. (2004), *Transient Thermal Creep of Concrete at Temperatures up to 300°C in Service Conditions.* Magazine of concrete research, 56, No10, p.559-574.

Collet Y. (1977), Etude des propriétés du béton soumis a des températures élevées entre 200 et 900°C, Annales des Travaux Publics Belges ,no 4, p 332-338.

Couture F. Jomaa W. and Puiggali J.-R. (1996), *Relative permeability relations: a key factor for a drying model*, Transp. Porous Media, 23, 303–335.

Daian J. F. (1989), *Condensation and isothermal water transfer in cement mortar, Part II–transient condensation of water vapour*, Transp. Porous Media, 44, 1–16.

Dalpont S. (2004), Lien entre la perméabilité et l'endommagement dans les bétons à haute temperature, Thèse de Doctorat, ENPC, Septembre 2004

Dal Pont S. and Ehrlacher A. (2004), Numerical and experimental analysis of chemical dehydration, heat and mass transfers in a concrete hollow cylinder submitted to high temperatures, Int. J. Heat and Mass Transfer, 47,p135-147

Daimon M., Abo el enein S.A, Hosaka G., Goto S., and Kondo R. (1977), Pore structure of calcium silicate hydrate in hydrated tricalcium silicate. J. Amer. Ceram.Soc,60 (3-4), p 110-114.

De Borst R. and Peeters P.P.J.M. (1989), Analysis of concrete structures under thermal loading. Compt.Meth.Apll.Mechs.Engng.,1989, vol 77,p293-310

De Larrard F., Belloc A.,Boulay C.,Kaplan D., Renewez S. and Sedran T. (2000), Formulation de référence-Propriétés mécaniques jusqu'à l'age de 90 jours. Rapport rédigé à la demande du Projet National BHP 2000.

Deseur B. (1999), *Modélisation du comportement du béton à hautes températures*, Mémoire de DEA, ENPC, France.

Dias W.P.S ,Khoury G.A and Sullivane P.J.E. (1990), Mechanical properties of hardened cement paste exposed to temperatue up to 700°C (1292F),ACI Materials Journal, vol 87,n°2,p160-166.

Diederichs U., Jumppanen U. M., and Penttala V. (1989), Material properties of high strength concrete at elevated temperatures. Proceeding of the 13th IABSE Congress Challenges to Structural Engineering, Helsinki, 489-494.

Diederichs U., Jumppanen U. M., and Penttala V. (1992), 'Behaviour of high strength concrete at high temperatures'. Espoo 1989. Julkaisu/Report 92

Felicetti, R., Gambarova, P.G., Sora, MP.N., Khoury, G.A. (1985) Mechanical Behaviour of HPC and UHPC in Direct Tension at High Temperature and After Cooling

Felicetti R. and Gambarova P. G. (1999) *'The Residual Tensile Properties of Performance Siliceous Concrete Exposed to High Temperature'.* Mechanics of Quasi-Brittle Materials and Structures, HERMES Science Publications, Paris, p.167 -186.

Feldman R. and Sereda P.J. (1968), A model of hydrated Portland cement paste as deduced from sorption length-change and mechanical properties. Mat. And Struc., RILEM,1 (6), p509-520

Feraille A. (2000), Le rôle de l'eau dans le comportement a haute température des bétons, Thèse de doctorat, ENPC, France, 186 p.

Forsyth P. A. and Simpson R. B. (1991), *A two-phase, two-component model for natural convection in a porous medium*, Int. J. Numer. Meth. Fluids, 12, 655–682.

Guénot-Delahaie I. (1997), *Contribution à l'analyse physique et à la modélisation du fluage propre du béton*, Thèse de doctorat de l'ENPC, avril 1997.

Gawin D., Majorana C. E. and Schrefler B. A. (1999), *Numerical analysis of hygro-thermic behaviour and damage of concrete at high temperature*, In Mech. Cohes.-Frict. Mater. 4: 37-74.

Gawin D., Majorana C.E., Pesavento F. and Schrefler B.A. (2001), "Modelling thermo-hygro-mechanical behaviour of High Performance Concrete in high temperature environments", *Proc. of FraMCoS-4 Fourth International Conference on Fracture Mechanics of Concrete and Concrete Structures*, R. de Borst, J. Mazars, G. Pijaudier-Cabot, J.G.M. van Mier (eds), Balkema Publishers, Cachan, pp 199–206.

Gawin D., Pesavento F. and Schrefler B.A (2003), Modelling of hygro-thermal behavior of concrete at high temperature with thermo-chamical and mechanical degradation, Comput. Methods Apll. Mech. Engrg.192, 1731-1771

Gawin D., Pesavento F. and Schrefler B.A (2004), Modelling of deformations of high strength concrete at elevated temperatures. Materials and Structures, **37**, p. 218 – 236

Gérard B., Breysse D., Ammouche A., Houdusse O. and Dirdry O. (1996), *Cracking and permeability of concrete under tension*, Mater. Struct. 29, pp. 141–151.

Granger L. (1996), Comportement différé du béton dans les enceintes de centrales nucléaires. Analyse et modélisation, Thèse de doctorat de l'ENPC, avril 1996.

Gray W.G. and Schrefler B.A. (2001), *Thermodynamic approach to effective stress in partially saturated porous media*, European Journal of applied Mechanics in Solids, 20, p. 521-538.

Hager I (2004), Comportement à haute température des bétons à haute performance : évolution des principales propriétés mécaniques. Thèse de doctorat, Ecole nationale des ponts et de chaussées

Harada T., Takeda J., Yamane S. and Furumura F. (1972) Strength, elasticity and thermal properties of concrete subjected to elevated temperatures. In International Seminar on Concrete for Nuclear reactors. ACI Special Publication,1972, paper SP34,p 377-406

Harmathy T.Z and Allen L.W. (1966), *Thermal properties of selected masonry unit concretes*, Journal of American Concrete Institute, vol. 70, no 2, p 132-142.

Harmathy T.Z. (1970), *Thermal properties of concrete at elevated temperatures*, ASTM Journal of Materials, vol. 5, p 47-74.

Harmathy T.Z. (1973), Design of concrete masonry walls for fire endurance, Behaviuor of Concrete under temperatures Extremes, Detroit: American Concrete Institute, SP 39,pp 179-202.

Harmathy T.Z and Allen L.W. (1973), *Thermal properties of selected masonry unit concretes*, Journal of American Concrete Institute, vol. 70, no 2, p 132-142.

Heinfling G. (1998), Contribution à la modélisation numérique du comportement du béton et des structures en béton armé sous sollicitations thermomécaniques à hautes températures, Thèse de doctorat, INSA de Lyon, 227 p.

Incropera F. P. and de Witt D. P. (1990), *Fundamentals of Heat and Mass transfer*, 3rd ed., Wiley, New York.

Ju J.W (1989), *On energy-based coupled elastoplastic damage theories: constitutive modeling and computational aspects*. Int. J. Solids Struct. 25 7, pp. 803–833.

Ju J.W. and Zhang Y. (1998), *Axisymmetric thermomechanical constitutive and damage modeling for air field concrete pavement under transient high temperature*, Mechanics of Materials, 29, 307-323.

Kalifa, P. (1998), Le comportement des BHP à hautes températures, état de la question et résultats expérimentaux. Seminary of High Performance Concrete: innovations, regulations and new applications, French School of Concrete and National Project BHP 2000, Cachan, 27pp.

Kalifa P., Tsimbrovska M. and Baroghel-Bouny V. (1998), High performance concrete at elevated temperature – An extensive experimental investigation on thermal, hydral and microstructure properties. Proc. of Int. Symp. On high-performance and reactive powder concrete. Aug. 16-20, Sherbrooke Canada.

Khennane A. and Baker G. (1992), *Thermo-plasticity models for concrete under varying temperature and biaxial stress*. Proc. Royal Soc. Lond. A 439 1, pp. 59–80

Khoury G. A. ., Grainger B. N. and Sullivan, P. I. E. (1985), Grainger B. N. and Sullivan P. J. E., Transient thermal strain of concrete: literature review, conditions within specimen and behaviour of individual constituents. Magazine of Concrete Research, **37** (132), 131-144

Khoury G. A., Grainger B. N. and Sullivan, P. I. E. (1985), *Strain of concrete during first heating to 600 °C under load*, Magazine of Concrete-Research, 37(133) December, pp. 195-215.

Khoury, G.A. (1995) *'Strain components of nuclear-reactor-type concrete during first heat cycle'*. Nuclear Engineering and Design,. n° 156, pp 313-321

Khoury G.A (1992), 'Compressive strength of concrete at high temperatures : a reassessment'. Magazine of Concrete Research. 44, n° 161, pp 291-309

Khoury G.A, Majorana C.E, Pesavento F. and Schrefler B.A. (2002), Modelling of heated concrete, Magazine of concrete Research, 2002, 54, No.2, April, 77-101.

Khoury G.A. (2003), Creep & Shrinkage, Course of Heat on Concrete, International Center for Mechanical Sciences (CISM), 9-13 June 2003, Udine, Italy.

Küttner C. H. and Ehlert G. (1992), Experimental investigations of transitional creep of concrete at temperatures up to 130°C and boundary moisture conditions. Wiss. Z. Hochsch. Archit. Bawes. - B - Weimar, 3**8**, 211-218.

Lea, F. and Stradling, R. (1922) *'The resistance of fire of concrete and reinforced concrete'*. Engineering,. 110, p. 293-298

Lee J. and Fenves G.L. (1998), *Plastic-damage model for cyclic loading of concrete structures*, Journal of Engineering Mechanics, 124 (8), p. 892-900.

Lewis R. W. and Schrefler B. A. (1998), The Finite Element Method in the Static and Dynamic Deformation and Con-solidation of Porous Media. Chichester: Wiley & Sons.

Luckner L. and van Genuchyen M. T. and Nielsen D. R. (1989), *A consistent set of parametric models for the two-phase-flow of immiscible fluids in the subsurface*, Water Res., 25(10), 2225-2245.

Mainguy M., Coussy O. and Baroghel-Bouny V. (2001), *Role of air pressure in drying of weakly permeable materials*, J. Eng. Mech., 127(6), 582–592

Mason E. A. and Monchik L. (1965), *Survey of the equation of state and transport properties of moist gases*, Humidity Moisture Measurement Control Science, 3, 257–272.

Mounajed G. (2001), Modélisation du comportement thermo-hygromécanique des bétons à hautes températures, Rapport intermédiaire pour le livre BHP 2000, juin 2001, 55p

Mounajed G. (2004), Expérience Théorie et Modèles Numériques, des méthodes combinées pour l'étude du comportement Multi Physiques et Multi Echelles des structures et matériaux, HDR, Université de Pierre et Marie Curie,235 p.

Msaad Y (2005), Analyse des mécanismes d'écaillage du béton soumis à des températures élevées. Thèse de doctorat, ENPC.

Nechnech W. (2000), *Contribution à l'étude numérique du comportement du béton et des structures en béton armé soumises à des sollicitations thermiques et mécaniques couplées : Une approche thermo-élastoplastique endommageable*, Thèse de doctorat, INSA de Lyon, 207 p.

Nielsen, C.V., Pearce C.J. and Bicanic N. (2002), *Constitutive model of transient thermal strains for concrete at high temperature*, Submitted to J. Engng. Mech.

Noumowe A. (1995), *Effet de hautes températures (20-600°C) sur le béton - Cas particulier du béton à hautes performances*. Thèse de Génie Civil : Institut National des Sciences Appliquées de Lyon et Univ. Lyon I, 1995

Obeid W., Mounajed G. and Alliche A. (2001), *Mathematical formulation of thermo-hygro-mechanical coupling problem in non-saturated porous media*, Comput. Methods Appl. Mech. Engrg., vol. 190, 5105-5122.

Obeid W Mounajed G. and Alliche A. (2002), *Experimental identification of Biot's hydro-mechanical coupling coefficient for cement mortar*, Materials and Structures, 35, p. 229-236.

Pasquero D. (2004), Contribution à l'étude de la déshydratation dans les pâtes de ciment soumises à haute température, Thèse de doctorat, ENPC,Paris

Pearce C.J., Nielsen C.V. and Bicanic N. (2003), *A transient thermal creep model for concrete*, Computational Modelling of Concrete Structures, Bicanic et al. (eds).

Perre P. (1987), *Measurements of softwoods' permeability to air: importance upon the drying model*, Int. Comm. Heat Mass Transfer, 14, 519–529.

Pesavento. F (2000), Non linear modelling of concrete as multiphase material in high temperature conditions. PhD thesis, Universita degli Studi di Padova

Pezzani P. (1988), *Propriétés thermodynamiques de l'eau (K585)*, Techniques de l'ingénieur, traité constantes phisico-chimiques.

Philleo R (1958), Some physical properties of concrete at high temperatures. Journal of the American Concrete Institute,1958, vol 29,n°10,p 857-864

Picandet V., Khelidj A. and Bastian G. (2001), Effect of axial compressive damage on gas permeability of ordinary and high-performance concrete, Cement and Concrete Research, 31, 1525-1532.

Powers T.C. and Brownyard T.L. .(1948), Studies of the physical properties of hardened Portland cement paste. ACI Journal Proc., 43,1946-47-48

Raznjevic K. (1970), *Tables et diagrammes thermodynamiques,* Editions Eyrolles.

Regourd M. (1982), *L'eau*, dans Le béton hydraulique, Presse de l'ENPC, sous la direction de Jacques Baron et Raymond Sauterey, Paris, p. 59-68.

Richardson I.G (2004), Tobermorite/jennite- and tobermorite/calcium hydroxide-based models for the structure of C-S-H: applicability to hardened pastes of tricalcium silicate, h-dicalcium silicate, Portland cement, and blends of Portland cement with blast-furnace slag, metakaolin, or silica fume, Cement and Concrete Research 34, 1733–1777

RILEM TC 129-MHT (1997), Test methods for mechanical properties of concrete at high temperatures. Recommendations: Part 6: Thermal Strain. Materials and Structures, Supplement March, 17-21.

RILEM TC 129-MHT (1998), Test methods for mechanical properties of concrete at high temperatures. Recommendations: Part 7: Transient Creep for service and accident conditions. Materials and Structures, **31**, 290-295.

RILEM TC 129-MHT (2000), Test methods for mechanical properties of concrete at high temperatures. Recommendations: Part 8: Steady-State Creep and Creep Recovery. Materials and Structures, **31** (225).

Ruiz A. L.(2003), Analyse de l'évolution de la microstructure de la pâte de ciment sous chargements thermiques, Thèse de doctorat, Ecole nationale des ponts et de chaussées,201p

Sabeur H. and Meftah F. (2005). A Comparative study of two thermo-hydro-chemical models of concrete subject to high temperatures. ConCreep 7, Nantes, France, 12-14 septembre 2005, 515-520.

Sabeur H., Colina H. and Thevenin G. (2005) Transient thermal creep of HPC at high temperatures under accidental conditions, *Concreep 7 Creep, shrinkage and durability of concrete and concrete structures,* p 503-508, Nantes, France 12-14 September 2005

Sabeur H. & Meftah. F. (2006), A Thermo-hydro–damage model for the dehydration creep of concrete subjected to high temperature, 3rd European Conference on computational Mechanics , Lisbon, Portugal, 5-9 June 2006

Sabeur H. and Colina H. (2006), Transient thermal creep of concrete in accidental conditions at temperatures up to 400°C. *Magazine of concrete research*, **59**, No.4, pp 201–208.

Sabeur H. and Meftah F. (2006), Dehydration creep of concrete at high temperatures, *accepted at Materials and structures.*

Sabeur H. and Colina H. (2006), , Elastic strain, Young's modulus variation during uniform heating of concrete, *Magazine of concrete research,* soumis à publication. Mars 2006.

Sabeur H, Meftah F., Colina H. and Plateret G.(2006), Correlation between transient creep of concrete and its dehydration, *Magazine of concrete research,* soumis à publication. Mai 2006.

Schneider U. (1981), Physical properties of concrete from 20°C up to melting. Betonwerk and Fertigeil technik, Heft3 ,1981.

Schneider U. (1982), *Behaviour of concrete at high temperatures*. Paris: RILEM, 72p. Report to Committee no 44-PHT.

Schneider U. (1988), *Concrete at high temperatures: A general review*, Fire safety Journal, vol. 13, p 55-68.

Schneider U. and Herbst H. J. (1989), *Permeabilitaet und Porositaet von Beton bei hohen Temperaturen (in German)*, Deutscher Ausschuss Stahlbeton, 403, 23–52.

Schrefler B.A., (1995), *F.E. in environmental engineering : coupled therm-hydro-mechanical processes in porous media including pollutant transport*, Archive of Comutational Methods in Engineering, vol. 2, pp 1-54.

Shekarchi M., Debicki G., Granger L. and Billard Y. (2002), *Study of leaktightness integrity of containment wall without liner in high performance concrete under accidental conditions—I. Experimentation*, Nuclear Engineering and Design, 213, 1–9.

Taylor H. (1964), The chemistry of cements. Academis press, London

Taylor H.F.W (1986), Chemistry of cement hydration. In 8 th International congress on the chemistry of cement, volume1, pages 82-110, Finep, Rio de Janeiro,1986

Terro M.J (1998), Numerical modeling of the behavior of concrete structures in fire, ACI Structural Journal 95 (2), pp. 183-193.

Thelandersson S. (1971),.'Effect of high temperatures on tensil strength of concrete. Lund Institute of Technology, Division of Struct. Mech. And Concrete Constr., Neostyled. pp 27, Lund

Thelandersson S. (1987), *Modelling of combined thermal and mechanical action in concrete.* Journal of Engineering Mechanics, vol 113, p 893-903.

Thelandersson S., Martensson A. and Dahlblom O. (1988), *Tension softening and cracking in drying concrete*, Materials and Structures, 21, p. 416-424.

Thienel K.-Ch. and Rostasy F. S. (1996), Transient creep of concrete under biaxial stress and high temperature. Cement and Concrete Research, **26** (9), 1409-1422.

Thomas H. R. and Sansom M. R. (1995), *Fully coupled analysis of heat, moisture and air transfer in unsaturated soil*, J. Eng. Mech., 121(3), 392–405.

Torrenti J.M., Granger L., Diruy M. and Genin P. (1997), *Modélisation du retrait du béton en ambiance variable*, Revue Française de Génie Civil, 1 (4), p. 687-698

Torrenti J.-M., Didry O., Ollivier J.-P.and Plas F. (1999), *La dégradation des bétons*, Hermès (Eds.), Paris.

Ulm F. J., Coussy O. and Bažant Z. P. (1999), *The "Chunnel" Fire. II: Analyses of concrete damage*, J. Engineering Mechanics, ASCE, vol. 125, No. 3, pp. 283-289, 1999.

Wittman F.H. (1976) The structure of hardened cement paste- a basis for better understanding the material properties. In Hydraulic cement pastes: their structure and properties, p.96-117, Sheffield, U.K.,. Cement and Concrete Association.

Xiao J. and Konig G. (2004), Study on concrete at high temperature in China—an overview, Fire Safety Journal 39,pp 89–103

ANNEXE A SYSTEME DES EQUATIONS DE TRANSPORT

A.1 Termes de couplages des équations de transport

A.1.1 Equation de conservation de l'eau (liquide et vapeur)

Les termes de couplages sont :

$$\mathrm{C}_{ll}=-\left[\left(-\phi\rho^{v}+\phi\rho^{l}\right)\frac{\partial S^{l}}{\partial p^{c}}+\left\{\left(1-S^{l}\right)\phi\left(\frac{M_{l}}{R\cdot T}\right)+\left(-\phi\rho^{v}+\phi\rho^{l}\right)\frac{\partial S^{l}}{\partial p^{c}}\right\}\left(\frac{M_{l}\cdot p^{v}}{R\cdot T}\frac{1}{\rho^{l}}\right)\right] \quad (A.1)$$

$$\mathrm{C}_{la}=\left[\left(-\phi\rho^{v}+\phi\rho^{l}\right)\frac{\partial S^{l}}{\partial p^{c}}+\left\{\left(1-S^{l}\right)\phi\left(\frac{M_{l}}{R\cdot T}\right)+\left(-\phi\rho^{v}+\phi\rho^{l}\right)\frac{\partial S^{l}}{\partial p^{c}}\right\}\left(\frac{M_{l}\cdot p^{v}}{R\cdot T}\frac{1}{\rho^{l}}\right)\right] \quad (A.2)$$

$$\begin{aligned}\mathrm{C}_{lT}=&\left[-\phi\left(1-S^{l}\right)\left(\frac{M_{l}\cdot p^{v}}{R\cdot T^{2}}\right)+\phi S^{l}\frac{\partial\rho^{l}}{\partial T}+\left(-\phi\rho^{v}+\phi\rho^{l}\right)\frac{\partial S^{l}}{\partial T}+\left\{\left(1-S^{l}\right)\phi\left(\frac{M_{l}}{R\cdot T}\right)\right.\right.\\&\left.+\left(-\phi\rho^{v}+\phi\rho^{l}\right)\frac{\partial S^{l}}{\partial p^{c}}\right\}\left(\frac{M_{l}\cdot p^{v}}{R\cdot T}\frac{1}{\rho^{l}}\right)\left[\left(\frac{1}{p^{vs}}\frac{\rho^{l}\cdot R\cdot T}{M_{l}}-1\right)\frac{\partial p^{vs}}{\partial T}+\left(p^{vs}+p^{a}-p^{l}\right)\left(\frac{1}{\rho^{l}}\frac{\partial\rho^{l}}{\partial T}+\frac{1}{T}\right)\right]\\&\left.+\left[\left(1-S^{l}\right)\rho^{v}+S^{l}\rho^{l}\right]\left(1-\phi_{0}\right)\left(1-\phi_{M}\right)\frac{\partial\phi_{T}}{\partial T}\right]\end{aligned} \quad (A.3)$$

$$\mathrm{C}_{lM}=\left[\left(1-S^{l}\right)\rho^{v}+S^{l}\rho^{l}\right]\left(1-\phi_{0}\right)\left(1-\phi_{T}\right) \quad (A.4)$$

$$\mathrm{H}_{ll}=\left[\left[\left(-\rho^{l}\frac{Kk_{rl}}{\mu_{l}}\right)+\left\{\left\{-\rho^{v}\frac{Kk_{rg}}{\mu_{g}}\right\}+\left\{-\rho^{g}\frac{M_{l}M_{a}}{\left(M_{g}\right)^{2}}D_{eff}\left(\frac{1}{p^{g}}-\frac{p^{v}}{\left(p^{g}\right)^{2}}\right)\right\}\right\}\left(\frac{M_{l}\cdot p^{v}}{R\cdot T}\frac{1}{\rho^{l}}\right)\right]\right] \quad (A.5)$$

$$\begin{aligned}\mathrm{H}_{la}=&\left[\left[\left(-\rho^{v}\frac{Kk_{rg}}{\mu_{g}}\right)+\left(-\rho^{g}\frac{M_{l}M_{a}}{\left(M_{g}\right)^{2}}D_{eff}\left(-\frac{p^{v}}{\left(p^{g}\right)^{2}}\right)\right)\right]+\left\{\left\{-\rho^{v}\frac{Kk_{rg}}{\mu_{g}}\right\}\right.\right.\\&\left.\left.+\left\{-\rho^{g}\frac{M_{l}M_{a}}{\left(M_{g}\right)^{2}}D_{eff}\left(\frac{1}{p^{g}}-\frac{p^{v}}{\left(p^{g}\right)^{2}}\right)\right\}\right\}\left(\frac{M_{l}\cdot p^{v}}{R\cdot T}\frac{1}{\rho^{l}}\right)\right]\end{aligned} \quad (A.6)$$

$$\mathrm{H}_{lT} = \left[\left[\left\{\left\{-\rho^{v}\frac{Kk_{rg}}{\mu_{g}}\right\}+\left\{-\rho^{g}\frac{M_{l}M_{a}}{\left(M_{g}\right)^{2}}D_{eff}\left(\frac{1}{p^{g}}-\frac{p^{v}}{\left(p^{g}\right)^{2}}\right)\right\}\right\}\left(\frac{M_{l}\cdot p^{v}}{R\cdot T}\frac{1}{\rho^{l}}\right)\left[\left(\frac{1}{p^{vs}}\frac{\rho^{l}\cdot R\cdot T}{M_{l}}-1\right)\right.\right.$$
$$\left.\left.+\frac{\partial p^{vs}}{\partial T}+\left(p^{vs}+p^{a}-p^{l}\right)\left(\frac{1}{\rho^{l}}\frac{\partial\rho^{l}}{\partial T}+\frac{1}{T}\right)\right]\right] \tag{A.7}$$

$$\mathrm{H}_{lM} = \left[\phi\left(1-S^{l}\right)\rho^{v}+\phi S^{l}\rho^{l}\right] \tag{A.8}$$

$$\mathrm{K}_{ll} = grad\,\mathrm{H}_{ll} \tag{A.9}$$

$$\mathrm{K}_{la} = grad\,\mathrm{H}_{la} \tag{A.10}$$

$$\mathrm{K}_{lT} = grad\,\mathrm{H}_{lT} \tag{A.11}$$

A.1.2 Equation de conservation de l'air sec

Les termes de couplages sont :

$$\mathrm{C}_{al} = -\left[-\phi\rho^{a}\frac{\partial S^{l}}{\partial p^{c}}+\left\{-\phi\rho^{a}\frac{\partial S^{l}}{\partial p^{c}}\right\}\left(\frac{M_{l}\cdot p^{v}}{R\cdot T}\frac{1}{\rho^{l}}\right)\right] \tag{A.12}$$

$$\mathrm{C}_{aa} = \left[\phi\left(1-S^{l}\right)\left(\frac{M_{a}}{R\cdot T}\right)-\phi\rho^{a}\frac{\partial S^{l}}{\partial p^{c}}+\left\{-\phi\rho^{a}\frac{\partial S^{l}}{\partial p^{c}}\right\}\left(\frac{M_{l}\cdot p^{v}}{R\cdot T}\frac{1}{\rho^{l}}\right)\right] \tag{A.13}$$

$$\mathrm{C}_{aT} = \left[-\phi\left(1-S^{l}\right)\left(\frac{M_{a}\cdot p^{a}}{R\cdot T^{2}}\right)-\phi\rho^{a}\frac{\partial S^{l}}{\partial T}+\left\{-\phi\rho^{a}\frac{\partial S^{l}}{\partial p^{c}}\right\}\left(\frac{M_{l}\cdot p^{v}}{R\cdot T}\frac{1}{\rho^{l}}\right)\right.$$
$$\left.\left[\left(\frac{1}{p^{vs}}\frac{\rho^{l}\cdot R\cdot T}{M_{l}}-1\right)\frac{\partial p^{vs}}{\partial T}+\left(p^{vs}+p^{a}-p^{l}\right)\left(\frac{1}{\rho^{l}}\frac{\partial\rho^{l}}{\partial T}+\frac{1}{T}\right)\right]+\left(1-\phi_{0}\right)\left(1-\phi_{M}\right)\frac{\partial\phi_{T}}{\partial T}\right] \tag{A.14}$$

$$\mathrm{C}_{aM} = \left[\left(1-S^{l}\right)\rho^{a}\right]\left(1-\phi_{0}\right)\left(1-\phi_{T}\right) \tag{A.15}$$

$$\mathrm{H}_{al} = \left[\left(\left\{-\rho^{a}\frac{Kk_{rg}}{\mu_{g}}\right\}\left(\frac{M_{l}\cdot p^{v}}{R\cdot T}\frac{1}{\rho^{l}}\right)+\left\{-\rho^{g}\frac{M_{l}M_{a}}{\left(M_{g}\right)^{2}}D_{eff}\left(-\frac{p^{a}}{\left(p^{g}\right)^{2}}\right)\right\}\left(\frac{M_{l}\cdot p^{v}}{R\cdot T}\frac{1}{\rho^{l}}\right)\right)\right] \tag{A.16}$$

$$\mathrm{H}_{aa}=\left[\left(-\rho^{a}\frac{Kk_{rg}}{\mu_{g}}-\rho^{g}\frac{M_{l}M_{a}}{\left(M_{g}\right)^{2}}D_{eff}\left(\frac{1}{p^{g}}-\frac{p^{a}}{\left(p^{g}\right)^{2}}\right)+\left\{-\rho^{a}\frac{Kk_{rg}}{\mu_{g}}\right\}\left(\frac{M_{l}\cdot p^{v}}{R\cdot T}\frac{1}{\rho^{l}}\right)\right.\right.$$
$$\left.\left.+\left\{-\rho^{g}\frac{M_{l}M_{a}}{\left(M_{g}\right)^{2}}D_{eff}\left(-\frac{p^{a}}{\left(p^{g}\right)^{2}}\right)\right\}\left(\frac{M_{l}\cdot p^{v}}{R\cdot T}\frac{1}{\rho^{l}}\right)\right)\right] \quad \text{(A.17)}$$

$$\mathrm{H}_{aT}=\left[\left\{\left\{-\rho^{a}\frac{Kk_{rg}}{\mu_{g}}\right\}+\left\{-\rho^{g}\frac{M_{l}M_{a}}{\left(M_{g}\right)^{2}}D_{eff}\left(-\frac{p^{a}}{\left(p^{g}\right)^{2}}\right)\right\}\right\}\left(\frac{M_{l}\cdot p^{v}}{R\cdot T}\frac{1}{\rho^{l}}\right)\right.$$
$$\left.\left[\left(\frac{1}{p^{vs}}\frac{\rho^{l}\cdot R\cdot T}{M_{l}}-1\right)\frac{\partial p^{vs}}{\partial T}+\left(p^{vs}+p^{a}-p^{l}\right)\left(\frac{1}{\rho^{l}}\frac{\partial\rho^{l}}{\partial T}+\frac{1}{T}\right)\right]\right] \quad \text{(A.18)}$$

$$\mathrm{H}_{aM}=\left[\phi\left(1-S^{l}\right)\rho^{a}\right] \quad \text{(A.19)}$$

$$\mathrm{K}_{al}=grad\,\mathrm{H}_{al} \quad \text{(A.20)}$$

$$\mathrm{K}_{aa}=grad\,\mathrm{H}_{aa} \quad \text{(A.21)}$$

$$\mathrm{K}_{aT}=grad\,\mathrm{H}_{aT} \quad \text{(A.22)}$$

A.1.3 Equation de conservation d'énergie

Les termes de couplages sont :

$$\mathrm{C}_{Tl}=-\left[\Delta H_{vap}\left(\phi\rho^{l}\frac{\partial S^{l}}{\partial p^{c}}+\left\{\phi\rho^{l}\frac{\partial S^{l}}{\partial p^{c}}\right\}\left(\frac{M_{l}\cdot p^{v}}{R\cdot T}\frac{1}{\rho^{l}}\right)\right)\right] \quad \text{(A.23)}$$

$$\mathrm{C}_{Ta}=\left[\Delta H_{vap}\left(\phi\rho^{l}\frac{\partial S^{l}}{\partial p^{c}}+\left\{\phi\rho^{l}\frac{\partial S^{l}}{\partial p^{c}}\right\}\left(\frac{M_{l}\cdot p^{v}}{R\cdot T}\frac{1}{\rho^{l}}\right)\right)\right] \quad \text{(A.24)}$$

$$\mathrm{C}_{TM}=\Delta H_{vap}\left[S^{l}\rho^{l}\right]\left(1-\phi_{0}\right)\left(1-\phi_{T}\right) \quad \text{(A.25)}$$

$$\mathrm{C}_{TT}=\left[\Delta H_{vap}\left(\left\{\phi\rho^{l}\frac{\partial S^{l}}{\partial p^{c}}\right\}\left(\frac{M_{l}\cdot p^{v}}{R\cdot T}\frac{1}{\rho^{l}}\right)\left[\left(\frac{1}{p^{vs}}\frac{\rho^{l}\cdot R\cdot T}{M_{l}}-1\right)\frac{\partial p^{vs}}{\partial T}+\left(p^{vs}+p^{a}-p^{l}\right)\right.\right.\right.$$
$$\left.\left.\left.\left(\frac{1}{\rho^{l}}\frac{\partial\rho^{l}}{\partial T}+\frac{1}{T}\right)\right]+\phi\rho^{l}\frac{\partial S^{l}}{\partial T}+\phi S^{l}\frac{\partial\rho^{l}}{\partial T}-\frac{\partial m_{dehydr}}{\partial T}+\left(1-\phi_{M}\right)\frac{\partial\phi_{T}}{\partial T}\right)\Delta H_{dehydr}\frac{\partial m_{dehydr}}{\partial T}+\left(\rho C_{p}\right)_{eff}\right] \quad \text{(A.26)}$$

$$\mathrm{H}_{Tl}=\Delta H_{vap}\left(-\rho^{l}\frac{KK_{rl}}{\mu_{l}}\right) \quad \text{(A.27)}$$

$$\mathrm{H}_{TT}=\left(-\lambda_{eff}\right) \quad \text{(A.28)}$$

$$\mathrm{H}_{lM}=\Delta H_{vap}\left[\phi S^{l}\rho^{l}\right] \quad \text{(A.29)}$$

$$\mathrm{H}_{aM}=\left[\phi\left(1-S^{l}\right)\rho^{a}\right] \quad \text{(A.30)}$$

$$\mathrm{K}_{Tl}=grad\,\mathrm{H}_{Tl} \quad \text{(A.31)}$$

$$\mathrm{K}_{TT1}=grad\,\mathrm{H}_{TT} \quad \text{(A.32)}$$

$$\mathrm{K}_{TT2}=-\left(\left(-\rho^{l}C_{p}^{l}\frac{KK_{rl}}{\mu_{l}}\right)+\left\{-\rho^{g}C_{p}^{g}\frac{KK_{rg}}{\mu_{g}}\right\}\left(\frac{M_{l}\cdot p^{v}}{R\cdot T}\frac{1}{\rho^{l}}\right)\right)grad\,p^{l}$$
$$+\left(\left\{-\rho^{g}C_{p}^{g}\frac{KK_{rg}}{\mu_{g}}\right\}\left(\frac{M_{l}\cdot p^{v}}{R\cdot T}\frac{1}{\rho^{l}}\right)\right)grad\,p^{a} \quad \text{(A.33)}$$
$$+\left(\left\{-\rho^{g}C_{p}^{g}\frac{KK_{rg}}{\mu_{g}}\right\}\left(\frac{M_{l}\cdot p^{v}}{R\cdot T}\frac{1}{\rho^{l}}\right)\left[\left(\frac{1}{p^{vs}}\frac{\rho^{l}\cdot R\cdot T}{M_{l}}-1\right)\frac{\partial p^{vs}}{\partial T}+\left(p^{vs}+p^{a}-p^{l}\right)\left(\frac{1}{\rho^{l}}\frac{\partial\rho^{l}}{\partial T}+\frac{1}{T}\right)\right]\right)grad\,T$$

A.2 Implémentation numérique du modèle de transport

Il s'agit du modèle numérique qui a été développé dans le cadre de la thèse de Alnajim (2004). Dans le cas unidimensionnel, le système des équations de conservation se réécrit sous la forme d'équations différentielles suivantes :

Conservation de masse de l'eau (liquide et vapeur)

$$C_{ll}\frac{\partial p^l}{\partial t}+C_{la}\frac{\partial p^a}{\partial t}+C_{lT}\frac{\partial T}{\partial t}+C_{lM}\frac{\partial D_M}{\partial t}+\frac{\partial}{\partial x}\left(H_{ll}\frac{\partial p^l}{\partial x}+H_{la}\frac{\partial p^a}{\partial x}+H_{lT}\frac{\partial T}{\partial x}\right)+H_{lM}\,tr\left(\frac{\partial \varepsilon}{\partial t}\right)=0 \quad (A.34)$$

Conservation de masse de l'air sec

$$C_{al}\frac{\partial p^l}{\partial t}+C_{aa}\frac{\partial p^a}{\partial t}+C_{aT}\frac{\partial T}{\partial t}+C_{aM}\frac{\partial D_M}{\partial t}+\frac{\partial}{\partial x}\left(H_{al}\frac{\partial p^l}{\partial x}+H_{aa}\frac{\partial p^a}{\partial x}+H_{aT}\frac{\partial T}{\partial x}\right)+H_{aM}\,tr\left(\frac{\partial \varepsilon}{\partial t}\right)=0 \quad (A.35)$$

Conservation d'énergie

$$C_{Tl}\frac{\partial p^l}{\partial t}+C_{Ta}\frac{\partial p^a}{\partial t}+C_{TT}\frac{\partial T}{\partial t}+C_{TM}\frac{\partial D_M}{\partial t}+\frac{\partial}{\partial x}\left(H_{Tl}\frac{\partial p^l}{\partial x}+H_{TT}\frac{\partial T}{\partial x}\right)+K_{TT}\frac{\partial T}{\partial x}+H_{TM}\,tr\left(\frac{\partial \varepsilon}{\partial t}\right)=0 \quad (A.36)$$

Ce système d'équations peut se mettre sous la forme :

$$[\mathbf{C}]\frac{\partial\{\mathbf{X}\}}{\partial t}+[\mathbf{H}]\frac{\partial^2\{\mathbf{X}\}}{\partial x^2}+[\mathbf{K}]\frac{\partial\{\mathbf{X}\}}{\partial x}=\{\mathbf{F}\} \quad (A.37)$$

où les matrices des termes de couplages $[\mathbf{C}]$, $[\mathbf{H}]$ et $[\mathbf{K}]$ sont données dans **l'Annexe A-3** et $\mathbf{X}=\{p^l,p^a,T\}^{\mathbf{T}}$ est le vecteur des variables d'états inconnus.

Le terme **F** contient les variables inconnus $\boldsymbol{\varepsilon}$ et D_M qui sont calculés à partir de l'équation mécanique.

$$\{\mathbf{F}\}=[C_M]\frac{\partial\{D_M\}}{\partial t}+[\mathbf{H}_M]\left\{tr\left(\frac{\partial \varepsilon}{\partial t}\right)\right\} \quad (A.38)$$

où les matrices des termes de couplages $[C_M]$ et $[\mathbf{H}_M]$ sont présentées dans **l'Annexe A-3.**

Ce système d'équations différentielles a été discrétisé afin de le linéariser. Dans le cadre de notre modèle THCM, une discrétisation en éléments finis a été choisie en utilisant la Thêta –méthode. Pour cette méthode, avec une discrétisation régulière dans l'espace, les dérivées seconde en espace sont calculées à partir d'une combinaison de la température au temps t_j et celle du temps t_{j+1} et s'écrivent pour une discrétisation irrégulière selon la formule :

$$\frac{\partial^2 \mathbf{X}}{\partial x^2}=(1-\theta)\frac{1}{\Delta \bar{x}}\left[\left(\frac{\mathbf{X}_{i-1}^n-\mathbf{X}_i^n}{\Delta x_{i-1}}\right)+\left(\frac{-\mathbf{X}_i^n+\mathbf{X}_{i+1}^n}{\Delta x_i}\right)\right]+\theta\frac{1}{\Delta \bar{x}}\left[\left(\frac{\mathbf{X}_{i-1}^{n+1}-\mathbf{X}_i^{n+1}}{\Delta x_{i-1}}\right)+\left(\frac{-\mathbf{X}_i^{n+1}+\mathbf{X}_{i+1}^{n+1}}{\Delta x_i}\right)\right] \quad (A.39)$$

$$\text{with } \Delta\bar{x}=(\Delta x_{i-1}+\Delta x_i)/2$$

avec θ est un coefficient qui est compris dans l'intervalle 0 et 1.

Pour la dérivée première en temps, elle est donnée par l'équation:

$$\frac{\partial \mathbf{X}}{\partial t}=\frac{\mathbf{X}_i^{n+1}-\mathbf{X}_i^n}{\Delta t} \quad (A.40)$$

où Δt est le pas de temps.
Cependant, le problème est encore non linéaire car les paramètres de chaque équation, associés aux variables inconnus, dépendent eux même de ces mêmes variables inconnues. Afin d'éliminer ce problème, on va estimer ces paramètres à partir de leurs valeurs précédentes au pas de temps n. Ainsi, nous obtenons un système composé de 3 N équations linéaires, où N est le nombre de nœuds intérieurs du maillage spatial qui est résolu de manière globale pour déterminer les inconnues au pas de temps $n+1$. Plus de détails sur la résolution numérique sont donnés dans les **annexes A-4** et **A-5**.

A.3 Matrices des termes de couplages des équations de transport

La matrice qui contient les termes de couplage associés aux gradients des variables:

$$[\mathbf{H}]=\begin{bmatrix} \mathrm{H}_{ll} & \mathrm{H}_{la} & \mathrm{H}_{lT} \\ \mathrm{H}_{al} & \mathrm{H}_{aa} & \mathrm{H}_{aT} \\ \mathrm{H}_{Tl} & 0 & \mathrm{H}_{TT} \end{bmatrix} \tag{A.41}$$

La matrice qui contient les termes de couplage associés aux gradients des incréments:

$$[\mathbf{C}]=\begin{bmatrix} \mathrm{C}_{ll} & \mathrm{C}_{la} & \mathrm{C}_{lT} \\ \mathrm{C}_{al} & \mathrm{C}_{aa} & \mathrm{C}_{aT} \\ \mathrm{C}_{Tl} & \mathrm{C}_{Ta} & \mathrm{C}_{TT} \end{bmatrix} \tag{A.42}$$

La matrice qui contient les termes associés aux gradients de termes de couplage:

$$[\mathbf{K}]=\begin{bmatrix} \mathrm{K}_{ll} & \mathrm{K}_{la} & \mathrm{K}_{lT} \\ \mathrm{K}_{al} & \mathrm{K}_{aa} & \mathrm{K}_{aT} \\ \mathrm{K}_{Tl} & 0 & \mathrm{K}_{TT1}+\mathrm{K}_{TT2} \end{bmatrix} \tag{A.43}$$

La matrice qui contient les termes de couplage associés à la variable de déformation:

$$[\mathbf{H}_M]=\begin{bmatrix} \mathrm{H}_{lM} & 0 & 0 \\ 0 & \mathrm{H}_{aM} & 0 \\ 0 & 0 & \mathrm{H}_{TM} \end{bmatrix} \tag{A.44}$$

La matrice qui contient les termes de couplage associés à la variable d'endommagement:

$$[\mathbf{C}_M]=\begin{bmatrix} \mathrm{C}_{lM} & 0 & 0 \\ 0 & \mathrm{C}_{aM} & 0 \\ 0 & 0 & \mathrm{C}_{TM} \end{bmatrix} \tag{A.45}$$

A.4 Matrices du système des équations de transport

Les sous matrices formant le système global matriciel est donné par:

$$[\mathbf{a}]_{i-1} = R_a\theta \begin{bmatrix} \mathrm{H}_{ll}+\Delta\bar{x}\mathrm{K}_{ll} & \mathrm{H}_{la}+\Delta\bar{x}\mathrm{K}_{la} & \mathrm{H}_{lT}+\Delta\bar{x}\mathrm{K}_{lT} \\ \mathrm{H}_{al}+\Delta\bar{x}\mathrm{K}_{al} & \mathrm{H}_{aa}+\Delta\bar{x}\mathrm{K}_{aa} & \mathrm{H}_{aT}+\Delta\bar{x}\mathrm{K}_{aT} \\ \mathrm{H}^1_{Tl}+\Delta\bar{x}\mathrm{K}^l_{Tl} & \mathrm{H}^1_{Ta}+\Delta\bar{x}\mathrm{K}^l_{Ta} & \mathrm{H}^1_{TT}+\Delta\bar{x}\,\mathrm{K}^l_{TT} \end{bmatrix}_{i-1} \tag{A.46}$$

$$[\mathbf{b}]_i = \begin{bmatrix} \mathrm{C}_{ll}-R_b\theta(\mathrm{H}_{ll}+\Delta\bar{x}\mathrm{K}_{ll}) & \mathrm{C}_{la}-R_b\theta(\mathrm{H}_{la}+\Delta\bar{x}\mathrm{K}_{la}) & \mathrm{C}_{lT}-R_b\theta(\mathrm{H}_{lT}+\Delta\bar{x}\mathrm{K}_{lT}) \\ \mathrm{C}_{al}-R_b\theta(\mathrm{H}_{al}+\Delta\bar{x}\mathrm{K}_{al}) & \mathrm{C}_{aa}-R_b\theta(\mathrm{H}_{aa}+\Delta\bar{x}\mathrm{K}_{aa}) & \mathrm{C}_{aT}-R_b\theta(\mathrm{H}_{aT}+\Delta\bar{x}\mathrm{K}_{aT}) \\ \mathrm{C}^1_{Tl}-R_b\theta(\mathrm{H}^1_{Tl}+\Delta\bar{x}\mathrm{K}^l_{Tl}) & \mathrm{C}^1_{Ta}-R_b\theta(\mathrm{H}^1_{Ta}+\Delta\bar{x}\mathrm{K}^l_{Ta}) & \mathrm{C}_{TT}-R_b\theta\left(\mathrm{H}_{TT}+\Delta\bar{x}\,\mathrm{K}^l_{TT}\right) \end{bmatrix}_i \tag{A.47}$$

$$[\mathbf{c}]_{i+1} = R_c\theta \begin{bmatrix} \mathrm{H}_{ll}+\Delta\bar{x}\mathrm{K}_{ll} & \mathrm{H}_{la}+\Delta\bar{x}\mathrm{K}_{la} & \mathrm{H}_{lT}+\Delta\bar{x}\mathrm{K}_{lT} \\ \mathrm{H}_{al}+\Delta\bar{x}\mathrm{K}_{al} & \mathrm{H}_{aa}+\Delta\bar{x}\mathrm{K}_{aa} & \mathrm{H}_{aT}+\Delta\bar{x}\mathrm{K}_{aT} \\ \mathrm{H}^1_{Tl}+\Delta\bar{x}\mathrm{K}^l_{Tl} & \mathrm{H}^1_{Ta}+\Delta\bar{x}\mathrm{K}^l_{Ta} & \mathrm{H}^1_{TT}+\Delta\bar{x}\,\mathrm{K}^l_{TT} \end{bmatrix}_{i+1} \tag{A.48}$$

$$[\bar{\mathbf{a}}]_{i-1} = (\theta-1)R_a \begin{bmatrix} \mathrm{H}_{ll}+\Delta\bar{x}\mathrm{K}_{ll} & \mathrm{H}_{la}+\Delta\bar{x}\mathrm{K}_{la} & \mathrm{H}_{lT}+\Delta\bar{x}\mathrm{K}_{lT} \\ \mathrm{H}_{al}+\Delta\bar{x}\mathrm{K}_{al} & \mathrm{H}_{aa}+\Delta\bar{x}\mathrm{K}_{aa} & \mathrm{H}_{aT}+\Delta\bar{x}\mathrm{K}_{aT} \\ \mathrm{H}^1_{Tl}+\Delta\bar{x}\mathrm{K}^l_{Tl} & \mathrm{H}^1_{Ta}+\Delta\bar{x}\mathrm{K}^l_{Ta} & \mathrm{H}^1_{TT}+\Delta\bar{x}\,\mathrm{K}^l_{TT} \end{bmatrix}_{i-1} \tag{A.49}$$

$$[\bar{\mathbf{b}}]_i = \begin{bmatrix} \mathrm{C}_{ll}-R_b(\theta-1)(\mathrm{H}_{ll}+\Delta\bar{x}\mathrm{K}_{ll}) & \mathrm{C}_{la}-R_b(\theta-1)(\mathrm{H}_{la}+\Delta\bar{x}\mathrm{K}_{la}) & \mathrm{C}_{lT}-R_b(\theta-1)(\mathrm{H}_{lT}+\Delta\bar{x}\mathrm{K}_{lT}) \\ \mathrm{C}_{al}-R_b(\theta-1)(\mathrm{H}_{al}+\Delta\bar{x}\mathrm{K}_{al}) & \mathrm{C}_{aa}-R_b(\theta-1)(\mathrm{H}_{aa}+\Delta\bar{x}\mathrm{K}_{aa}) & \mathrm{C}_{aT}-R_b(\theta-1)(\mathrm{H}_{aT}+\Delta\bar{x}\mathrm{K}_{aT}) \\ \mathrm{C}^1_{Tl}-R_b(\theta-1)(\mathrm{H}^1_{Tl}+\Delta\bar{x}\mathrm{K}^l_{Tl}) & \mathrm{C}^1_{Ta}-R_b(\theta-1)(\mathrm{H}^1_{Ta}+\Delta\bar{x}\mathrm{K}^l_{Ta}) & \mathrm{C}_{TT}-R_b(\theta-1)\left(\mathrm{H}_{TT}+\Delta\bar{x}\,\mathrm{K}^l_{TT}\right) \end{bmatrix}_i \tag{A.50}$$

$$[\bar{\mathbf{c}}]_{i+1} = (\theta-1)R_c \begin{bmatrix} \mathrm{H}_{ll}+\Delta\bar{x}\mathrm{K}_{ll} & \mathrm{H}_{la}+\Delta\bar{x}\mathrm{K}_{la} & \mathrm{H}_{lT}+\Delta\bar{x}\mathrm{K}_{lT} \\ \mathrm{H}_{al}+\Delta\bar{x}\mathrm{K}_{al} & \mathrm{H}_{aa}+\Delta\bar{x}\mathrm{K}_{aa} & \mathrm{H}_{aT}+\Delta\bar{x}\mathrm{K}_{aT} \\ \mathrm{H}^1_{Tl}+\Delta\bar{x}\mathrm{K}^l_{Tl} & \mathrm{H}^1_{Ta}+\Delta\bar{x}\mathrm{K}^l_{Ta} & \mathrm{H}^1_{TT}+\Delta\bar{x}\,\mathrm{K}^l_{TT} \end{bmatrix}_{i+1} \tag{A.51}$$

où le ratio R est donné par :

$$R_a = \frac{\Delta t}{\Delta\bar{x}\cdot\Delta x_{i-1}} \qquad R_b = \frac{2\cdot\Delta t}{\Delta x_{i-1}\cdot\Delta x_i} \qquad R_c = \frac{\Delta t}{\Delta\bar{x}\cdot\Delta x_i} \quad \text{et} \quad \Delta\bar{x} = \frac{\Delta x_{i-1}+\Delta x_i}{2} \tag{A.52}$$

A.5 La solution du système algébrique d'équations

Dans un cas simple d'un seul noeud intérieur *No.* 2 comme le montre la figure suivante :

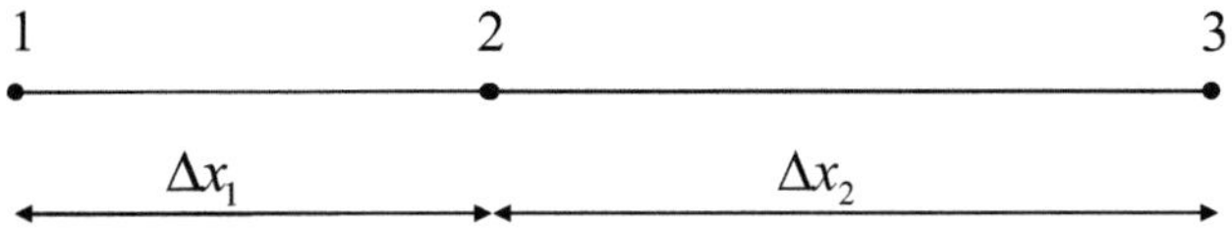

le système algébrique d'équations a pour solution:

$$\{\mathbf{X}_2\}^{n+1} = [\mathbf{b}]_2^{-1}\{\mathbf{R}_2\} \tag{A.53}$$

$$\{\mathbf{R}_2\} = \left[[\bar{\mathbf{a}}]_1 \quad [\bar{\mathbf{b}}]_2 \quad [\bar{\mathbf{c}}]_3\right]\begin{Bmatrix}\mathbf{X}_1\\ \mathbf{X}_2\\ \mathbf{X}_3\end{Bmatrix}^n + \left[[\mathbf{a}]_1 \quad 0 \quad [\mathbf{c}]_3\right]\begin{Bmatrix}\mathbf{X}_1\\ 0\\ \mathbf{X}_3\end{Bmatrix}^{n+1} + [\mathbf{C}_M]\{\phi_M^n - \phi_M^{n-1}\} + [\mathbf{H}_M]\{\mathrm{tr}(d\boldsymbol{\varepsilon}^n)\} \tag{A.54}$$

Dans un cas général, où l'on a plus de nœuds intérieurs comme le montre la figure suivante:

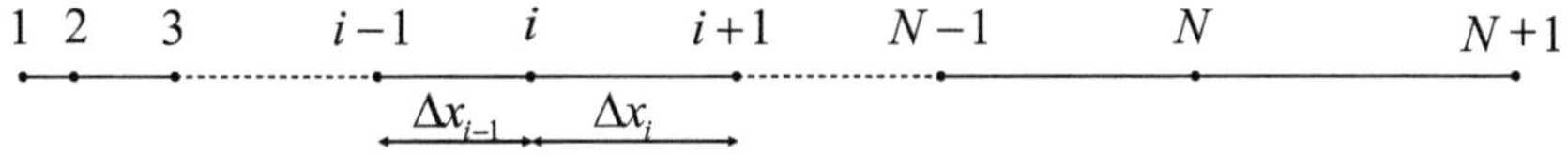

le système linéaire d'équations peut être résolu comme suit:

$$\begin{Bmatrix}\mathbf{X}_2\\ \mathbf{X}_3\\ \vdots\\ \mathbf{X}_{i-1}\\ \mathbf{X}_i\\ \mathbf{X}_{i+1}\\ \vdots\\ \mathbf{X}_{N-1}\\ \mathbf{X}_N\end{Bmatrix}^{n+1} = \begin{bmatrix}[\mathbf{b}]_2 & [\mathbf{c}]_3 & \\ \ddots & \ddots & \\ [\mathbf{a}]_{i-1} & [\mathbf{b}]_i & [\mathbf{c}]_{i+1}\\ \ddots & \ddots & \\ & [\mathbf{a}]_{N-1} & [\mathbf{b}]_N\end{bmatrix}^{-1}\begin{Bmatrix}(\mathbf{RA}+\mathbf{RB})_2\\ (\mathbf{RA}+\mathbf{RB})_3\\ \vdots\\ (\mathbf{RA}+\mathbf{RB})_{i-1}\\ (\mathbf{RA}+\mathbf{RB})_i\\ (\mathbf{RA}+\mathbf{RB})_{i+1}\\ \vdots\\ (\mathbf{RA}+\mathbf{RB})_{N-1}\\ (\mathbf{RA}+\mathbf{RB})_N\end{Bmatrix} \tag{A.55}$$

où le vecteur résultant :

$$\begin{Bmatrix} \mathbf{RA}_2 \\ \mathbf{RA}_3 \\ \vdots \\ \mathbf{RA}_{i-1} \\ \mathbf{RA}_i \\ \mathbf{RA}_{i+1} \\ \vdots \\ \mathbf{RA}_{N-1} \\ \mathbf{RA}_N \end{Bmatrix} = \begin{bmatrix} \left[\bar{\mathbf{a}}\right]_1 & \left[\bar{\mathbf{b}}\right]_2 & \left[\bar{\mathbf{c}}\right]_3 & & & & & \\ & \ddots & \ddots & \ddots & & & & \\ & & \left[\bar{\mathbf{a}}\right]_{i-1} & \left[\bar{\mathbf{b}}\right]_i & \left[\bar{\mathbf{c}}\right]_{i+1} & & & \\ & & & \ddots & \ddots & \ddots & & \\ & & & & & \left[\bar{\mathbf{a}}\right]_{N-1} & \left[\bar{\mathbf{b}}\right]_N & \left[\bar{\mathbf{c}}\right]_{N+1} \end{bmatrix} \begin{Bmatrix} \mathbf{X}_1 \\ \mathbf{X}_2 \\ \mathbf{X}_3 \\ \vdots \\ \mathbf{X}_{i-1} \\ \mathbf{X}_i \\ \mathbf{X}_{i+1} \\ \vdots \\ \mathbf{X}_{N-1} \\ \mathbf{X}_N \\ \mathbf{X}_{N+1} \end{Bmatrix}^n + \begin{bmatrix} [\mathbf{a}]_1 & 0 & \cdots & \cdots & 0 \\ 0 & 0 & & & \vdots \\ \vdots & & \ddots & & \vdots \\ \vdots & & & 0 & 0 \\ 0 & \cdots & \cdots & 0 & [\mathbf{c}]_{N+1} \end{bmatrix} \begin{Bmatrix} \mathbf{X}_1 \\ 0 \\ \vdots \\ \vdots \\ \vdots \\ \vdots \\ \vdots \\ \vdots \\ \vdots \\ 0 \\ \mathbf{X}_{N+1} \end{Bmatrix}^{n+1} \qquad \text{(A.56)}$$

$$
\begin{Bmatrix} \mathbf{RB}_2 \\ \mathbf{RB}_3 \\ \vdots \\ \mathbf{RB}_{i-1} \\ \mathbf{RB}_i \\ \mathbf{RB}_{i+1} \\ \vdots \\ \mathbf{RB}_{N-1} \\ \mathbf{RB}_N \end{Bmatrix}
=
\begin{bmatrix} [\mathbf{C}_M]_2 & & & & & & & & \\ & [\mathbf{C}_M]_3 & & & & & & & \\ & & \ddots & & & & & & \\ & & & [\mathbf{C}_M]_{i-1} & & & & & \\ & & & & [\mathbf{C}_M]_i & & & & \\ & & & & & [\mathbf{C}_M]_{i+1} & & & \\ & & & & & & \ddots & & \\ & & & & & & & [\mathbf{C}_M]_{N-1} & \\ & & & & & & & & [\mathbf{C}_M]_N \end{bmatrix}
\begin{Bmatrix} \{\phi_M^n - \phi_M^{n-1}\}_2 \\ \{\phi_M^n - \phi_M^{n-1}\}_3 \\ \vdots \\ \{\phi_M^n - \phi_M^{n-1}\}_{i-1} \\ \{\phi_M^n - \phi_M^{n-1}\}_i \\ \{\phi_M^n - \phi_M^{n-1}\}_{i+1} \\ \vdots \\ \{\phi_M^n - \phi_M^{n-1}\}_{N-1} \\ \{\phi_M^n - \phi_M^{n-1}\}_N \end{Bmatrix}
$$

$$
+
\begin{bmatrix} [\mathbf{H}_M]_2 & & & & & & & & \\ & [\mathbf{H}_M]_3 & & & & & & & \\ & & \ddots & & & & & & \\ & & & [\mathbf{H}_M]_{i-1} & & & & & \\ & & & & [\mathbf{H}_M]_i & & & & \\ & & & & & [\mathbf{H}_M]_{i+1} & & & \\ & & & & & & \ddots & & \\ & & & & & & & [\mathbf{H}_M]_{N-1} & \\ & & & & & & & & [\mathbf{H}_M]_N \end{bmatrix}
\begin{Bmatrix} \{\mathrm{tr}(d\boldsymbol{\varepsilon}^n)\}_2 \\ \{\mathrm{tr}(d\boldsymbol{\varepsilon}^n)\}_3 \\ \vdots \\ \{\mathrm{tr}(d\boldsymbol{\varepsilon}^n)\}_{i-1} \\ \{\mathrm{tr}(d\boldsymbol{\varepsilon}^n)\}_i \\ \{\mathrm{tr}(d\boldsymbol{\varepsilon}^n)\}_{i+1} \\ \vdots \\ \{\mathrm{tr}(d\boldsymbol{\varepsilon}^n)\}_{N-1} \\ \{\mathrm{tr}(d\boldsymbol{\varepsilon}^n)\}_N \end{Bmatrix}
\quad (A.57)
$$

ANNEXE B CALCUL DE D^{N+1} ET PROPRIETES DES PRODUITS MATRICIELS

B-1 Calcul de D^{n+1}

On explicite dans ce qui suit l'expression dans le cas tridimensionnel de l'opérateur de raideur modifié par le fluage thermique transitoire $\boldsymbol{D}^{n+1}$ au temps t^{n+1}, donné par

$$\boldsymbol{D}^{n+1} = \left(\boldsymbol{S}^{n+1}\right)^{-1} = \left(\boldsymbol{I} + \Delta\omega^{n+1}\boldsymbol{E} : \boldsymbol{Q}^{n+1}\right)^{-1} : \boldsymbol{E} \tag{B.1}$$

où

$$\boldsymbol{S}^{n+1} = \boldsymbol{I} + \Delta\omega^{n+1}\boldsymbol{E} : \boldsymbol{Q}^{n+1} \tag{B.2}$$

$$\boldsymbol{E} = \lambda\boldsymbol{\delta}\otimes\boldsymbol{\delta} + 2\mu\boldsymbol{\delta}\,\overline{\underline{\otimes}}\,\boldsymbol{\delta} \tag{B.3}$$

$$\boldsymbol{Q}^{n+1} = \left(1 - \boldsymbol{D}^{n+1}\right)\left[(1+\gamma)\boldsymbol{\delta}\,\overline{\underline{\otimes}}\,\boldsymbol{\delta} - \gamma\boldsymbol{\delta}\otimes\boldsymbol{\delta}\right] \tag{B.4}$$

En remplaçant les expressions des opérateurs d'élasticité et du fluage thermique transitoire dans celle de l'opérateur $\boldsymbol{S}^{n+1}$ on obtient alors :

$$\boldsymbol{S}^{n+1} = \boldsymbol{\delta}\,\underline{\otimes}\,\boldsymbol{\delta} + \omega^{n+1}\left(\lambda\boldsymbol{\delta}\otimes\boldsymbol{\delta} + 2\mu\boldsymbol{\delta}\,\overline{\underline{\otimes}}\,\boldsymbol{\delta}(1+\gamma)\right) : \left(\boldsymbol{\delta}\,\overline{\underline{\otimes}}\,\boldsymbol{\delta} - \gamma\boldsymbol{\delta}\otimes\boldsymbol{\delta}\right) \tag{B.5}$$

En développant terme à terme, la relation (B.5)devient :

$$\boldsymbol{S}^{n+1} = \boldsymbol{\delta}\,\underline{\otimes}\,\boldsymbol{\delta} + \omega^{n+1}\left(\left(\lambda - 2\gamma(\lambda+\mu)\right)\boldsymbol{\delta}\otimes\boldsymbol{\delta} + 2\mu(1+\gamma)\boldsymbol{\delta}\,\overline{\underline{\otimes}}\,\boldsymbol{\delta}\right) = \boldsymbol{A}^{n+1} + \rho_1^{n+1}\boldsymbol{\delta}\otimes\boldsymbol{\delta} \tag{B.6}$$

avec $\boldsymbol{A}^{n+1}$ est un tenseur du quatrième ordre donné par :

$$\boldsymbol{A}^{n+1} = \boldsymbol{\delta}\,\underline{\otimes}\,\boldsymbol{\delta} + 2\rho_2^{n+1}\boldsymbol{\delta}\,\overline{\underline{\otimes}}\,\boldsymbol{\delta} = \left(1+\rho_2^{n+1}\right)\boldsymbol{\delta}\,\underline{\otimes}\,\boldsymbol{\delta} + \rho_2^{n+1}\boldsymbol{\delta}\,\overline{\otimes}\,\boldsymbol{\delta} \tag{B.7}$$

avec

$$\rho_1^{n+1} = \omega^{n+1}\left(\lambda - 2\gamma(\lambda+\mu)\right) \tag{B.8}$$

$$\rho_2^{n+1} = \mu\omega^{n+1}(1+\gamma) \tag{B.9}$$

L'inverse de $\boldsymbol{S}^{n+1}$ est donné par la relation générale suivante :

$$\left(\boldsymbol{S}^{n+1}\right)^{-1} = \boldsymbol{B}^{n+1} - \frac{\rho_1^{n+1}}{1+\rho_1^{n+1}\boldsymbol{\delta}:\boldsymbol{B}^{n+1}:\boldsymbol{\delta}}\boldsymbol{B}^{n+1}:\boldsymbol{\delta}\otimes\boldsymbol{B}^{n+1}:\boldsymbol{\delta} \tag{B.10}$$

où le tenseur $\boldsymbol{B}^{n+1}$ est l'inverse du tenseur $\boldsymbol{A}^{n+1}$

$$\boldsymbol{B}^{n+1} = \left(\boldsymbol{A}^{n+1}\right)^{-1} = \left(\left(1+\rho_2^{n+1}\right)\boldsymbol{\delta} \underline{\otimes} \boldsymbol{\delta} + \rho_2^{n+1}\boldsymbol{\delta} \overline{\otimes} \boldsymbol{\delta}\right)^{-1} \tag{B.11}$$

On peut facilement montrer que

$$\boldsymbol{B}^{n+1} = \frac{1+\rho_2^{n+1}}{1+2\rho_2^{n+1}}\boldsymbol{\delta} \underline{\otimes} \boldsymbol{\delta} - \frac{\rho_2^{n+1}}{1+2\rho_2^{n+1}}\boldsymbol{\delta} \overline{\otimes} \boldsymbol{\delta} \tag{B.12}$$

Ainsi, on peut expliciter les différents termes de la relation

$$\boldsymbol{\delta} : \boldsymbol{B}^{n+1} : \boldsymbol{\delta} = \frac{3}{1+2\rho_2^{n+1}} \tag{B.13}$$

$$\boldsymbol{B}^{n+1} : \boldsymbol{\delta} = \frac{1}{1+2\rho_2^{n+1}}\boldsymbol{\delta} \tag{B.14}$$

$$\boldsymbol{B}^{n+1} : \boldsymbol{\delta} \otimes \boldsymbol{B}^{n+1} : \boldsymbol{\delta} = \frac{1}{\left(1+2\rho_2^{n+1}\right)^2}\boldsymbol{\delta} \otimes \boldsymbol{\delta} \tag{B.15}$$

d'où l'on peut déduire que :

$$\frac{\rho_1^{n+1}}{1+\rho_1^{n+1}\boldsymbol{\delta} : \boldsymbol{B}^{n+1} : \boldsymbol{\delta}}\boldsymbol{B}^{n+1} : \boldsymbol{\delta} \otimes \boldsymbol{B}^{n+1} : \boldsymbol{\delta} = \frac{\rho_1^{n+1}}{\left(1+3\rho_1^{n+1}+2\rho_2^{n+1}\right)\left(1+2\rho_2^{n+1}\right)}\boldsymbol{\delta} \otimes \boldsymbol{\delta} \tag{B.16}$$

L'inverse de l'opérateur $\boldsymbol{S}^{n+1}$ est alors :

$$\left(\boldsymbol{S}^{n+1}\right)^{-1} = \frac{1+\rho_2^{n+1}}{1+2\rho_2^{n+1}}\boldsymbol{\delta} \underline{\otimes} \boldsymbol{\delta} - \frac{\rho_2^{n+1}}{1+2\rho_2^{n+1}}\boldsymbol{\delta} \overline{\otimes} \boldsymbol{\delta} - \frac{\rho_1^{n+1}}{\left(1+3\rho_1^{n+1}+2\rho_2^{n+1}\right)\left(1+2\rho_2^{n+1}\right)}\boldsymbol{\delta} \otimes \boldsymbol{\delta} \tag{B.17}$$

En contractant avec le tenseur de Hooke, on obtient l'expression explicite de l'opérateur $\boldsymbol{D}^{n+1}$

$$\boldsymbol{D}^{n+1} = \frac{\lambda\left(1+2\rho_2^{n+1}\right) - 2\mu\rho_1^{n+1}}{\left(1+3\rho_1^{n+1}+2\rho_2^{n+1}\right)\left(1+2\rho_2^{n+1}\right)}\boldsymbol{\delta} \otimes \boldsymbol{\delta} + \frac{2\mu}{\left(1+2\rho_2^{n+1}\right)}\boldsymbol{\delta} \underline{\overline{\otimes}} \boldsymbol{\delta} \tag{B.18}$$

En substituant les relations donnant ρ_1^{n+1} et ρ_2^{n+1} dans la relation (B.18), on obtient

$$\lambda\left(1+2\rho_2^{n+1}\right) - 2\mu\rho_1^{n+1} = \lambda + 2\gamma\omega^{n+1}\mu\left(3\lambda+2\mu\right) = \lambda + 6\gamma\omega^{n+1}\mu k \tag{B.19}$$

$$1+3\rho_1^{n+1}+2\rho_2^{n+1} = 1+\left(1-2\gamma\right)\omega^{n+1}\left(3\lambda+2\mu\right) = 1+3\left(1-2\gamma\right)\omega^{n+1}k \tag{B.20}$$

$$1+2\rho_2^{n+1}=1+2(1+\gamma)\omega^{n+1}\mu \tag{B.21}$$

ce qui donne

$$\boldsymbol{D}^{n+1}=\frac{1}{1+2(1+\gamma)\Delta\omega^{n+1}\mu}\left(\frac{\lambda+6\gamma\Delta\omega^{n+1}\mu k}{1+3(1-2\gamma)\Delta\omega^{n+1}k}\boldsymbol{\delta}\otimes\boldsymbol{\delta}+2\mu\boldsymbol{\delta}\,\overline{\underline{\otimes}}\,\boldsymbol{\delta}\right) \tag{B.22}$$

B-2 PROPRIETES DES PRODUITS MATRICIELS

Dans le cas des déformations planes avec $\underline{\boldsymbol{Z}}=[1 \quad 1 \quad -2 \quad 0]$ et $\underline{\boldsymbol{0}}^T=[0 \quad 0 \quad 0 \quad 0]$, les produits $\underline{\boldsymbol{\pi}}_i^T\,\underline{\underline{\boldsymbol{D}}}\,\underline{\underline{\boldsymbol{P}}}_j$ et $\underline{\boldsymbol{\pi}}_i^T\,\underline{\underline{\boldsymbol{D}}}\,\underline{\boldsymbol{\pi}}_j$ sont donnés par :

$$\underline{\boldsymbol{\pi}}_c^T\,\underline{\underline{\boldsymbol{D}}}\,\underline{\underline{\boldsymbol{P}}}_t=\boldsymbol{0}^T \tag{B.23}$$

$$\underline{\boldsymbol{\pi}}_c^T\,\underline{\underline{\boldsymbol{D}}}\,\underline{\boldsymbol{\pi}}_t=2(D_{11}+2D_{12})=\frac{3(3\lambda+2\mu)}{1+\omega(1-2\gamma)(3\lambda+2\mu)} \tag{B.24}$$

$$\underline{\boldsymbol{\pi}}_c^T\,\underline{\underline{\boldsymbol{D}}}\,\underline{\underline{\boldsymbol{P}}}_c=\boldsymbol{0}^T \tag{B.25}$$

$$\underline{\boldsymbol{\pi}}_c^T\,\underline{\underline{\boldsymbol{D}}}\,\underline{\boldsymbol{\pi}}_c=3(D_{11}+2D_{12})=\frac{3(3\lambda+2\mu)}{1+\omega(1-2\gamma)(3\lambda+2\mu)} \tag{B.26}$$

$$\underline{\boldsymbol{\pi}}_t^T\,\underline{\underline{\boldsymbol{D}}}\,\underline{\underline{\boldsymbol{P}}}_t=\boldsymbol{0}^T \tag{B.27}$$

$$\underline{\boldsymbol{\pi}}_t^T\,\underline{\underline{\boldsymbol{D}}}\,\underline{\boldsymbol{\pi}}_t=2(D_{11}+D_{12})=\frac{4(\omega\mu(3\lambda+2\mu)+\lambda+\mu)}{(1+2\omega(1+\lambda)\mu)(1+\omega(1-2\gamma)(3\lambda+2\mu))} \tag{B.28}$$

$$\underline{\boldsymbol{\pi}}_t^T\,\underline{\underline{\boldsymbol{D}}}\,\underline{\underline{\boldsymbol{P}}}_c=(D_{11}-D_{12})\boldsymbol{Z}=\left(\frac{2\mu}{1+2\omega\mu(1+\gamma)}\right)\boldsymbol{Z} \tag{B.29}$$

$$\underline{\boldsymbol{\pi}}_t^T\,\underline{\underline{\boldsymbol{D}}}\,\underline{\boldsymbol{\pi}}_c=2(D_{11}+2D_{12})=\frac{2(3\lambda+2\mu)}{1+\omega(1-2\gamma)(3\lambda+2\mu)} \tag{B.30}$$

Les produits $\underline{Z}\,\underline{\underline{D}}^{n+1}\underline{\underline{P}}_i$ et $\underline{Z}\,\underline{\underline{D}}^{n+1}\underline{\pi}_i$ sont donnés par

$$\underline{Z}\,\underline{\underline{D}}\,\underline{\underline{P}}_t = \mathbf{0}^T \tag{B.31}$$

$$\underline{Z}\,\underline{\underline{D}}\,\underline{\pi}_t = 2\left(D_{11} - D_{12}\right) = \frac{4\mu}{1+2\omega\mu\left(1+\gamma\right)} \tag{B.32}$$

$$\underline{Z}\,\underline{\underline{D}}\,\underline{\underline{P}}_c = 3\left(D_{11} - D_{12}\right)\boldsymbol{Z} = \frac{6\mu}{1+2\omega\mu\left(1+\gamma\right)}\boldsymbol{Z} \tag{B.33}$$

$$\underline{Z}\,\underline{\underline{D}}\;\underline{\pi}_c = 0 \tag{B.34}$$

ANNEXE C SCHEMA ITERATIF DE RESOLUTION

Il s'agit de déterminer les incréments de multiplicateurs plastiques $\left(\Delta\lambda_t^{n+1}, \Delta\lambda_c^{n+1}\right)$ puis l'état de contrainte associé $\tilde{\boldsymbol{\sigma}}^{n+1}$ de sorte que les critères de plasticité soient satisfaits :

$$F_t\left(\tilde{\boldsymbol{\sigma}}^{n+1}, k_t^{n+1}, T^{n+1}\right) = 0 \tag{C.1}$$

$$F_c\left(\tilde{\boldsymbol{\sigma}}^{n+1}, k_c^{n+1}, T^{n+1}\right) = 0 \tag{C.2}$$

Dans un premier temps, la décomposition en série de Taylor du premier ordre de chacun des critères F_x avec $x = t$ dans le cas de la traction et $x = c$ dans le cas de la compression au voisinage du prédicteur élastique conduit aux relations suivantes :

$$F_t\left(\tilde{\boldsymbol{\sigma}}^{n+1}, k_t^{n+1}, T^{n+1}\right) = F_t\left(\tilde{\boldsymbol{\sigma}}_{tc}^{tr}, k_t^{tr}, T^{n+1}\right) + \left.\frac{\partial F_t}{\partial \boldsymbol{\sigma}}\right|_{\tilde{\boldsymbol{\sigma}}_{tc}^{tr}} : \left(\tilde{\boldsymbol{\sigma}}^{n+1} - \tilde{\boldsymbol{\sigma}}_{tc}^{tr}\right) - \gamma_t \left.\frac{\partial \tilde{\tau}_t}{\partial k_t}\right|_{k_t^{tr}} \Delta\lambda_t^{n+1} \tag{C.3}$$

$$F_c\left(\tilde{\boldsymbol{\sigma}}^{n+1}, k_c^{n+1}, T^{n+1}\right) = F_c\left(\tilde{\boldsymbol{\sigma}}_{tc}^{tr}, k_c^{tr}, T^{n+1}\right) + \left.\frac{\partial F_c}{\partial \boldsymbol{\sigma}}\right|_{\tilde{\boldsymbol{\sigma}}_{tc}^{tr}} : \left(\tilde{\boldsymbol{\sigma}}^{n+1} - \tilde{\boldsymbol{\sigma}}_{tc}^{tr}\right) - \gamma_c \left.\frac{\partial \tilde{\tau}_c}{\partial k_c}\right|_{k_t^{tr}} \Delta\lambda_c^{n+1} \tag{C.4}$$

Par ailleurs, en calculant les gradients aux potentiels plastiques pour l'état de contrainte $\tilde{\boldsymbol{\sigma}}_{tc}^{tr}$, la loi de comportement donne :

$$\tilde{\boldsymbol{\sigma}}^{n+1} - \tilde{\boldsymbol{\sigma}}_{tc}^{tr} = -\Delta\lambda_t^{n+1} \boldsymbol{D}^{n+1} : \left.\frac{\partial F_t}{\partial \boldsymbol{\sigma}}\right|_{\tilde{\boldsymbol{\sigma}}_{tc}^{tr}} - \Delta\lambda_c^{n+1} \boldsymbol{D}^{n+1} : \left.\frac{\partial G_c}{\partial \boldsymbol{\sigma}}\right|_{\tilde{\boldsymbol{\sigma}}_{tc}^{tr}} \tag{C.5}$$

En substituant la relation (C.5) dans les équations (C.3)-(C.4) et en considérant que les relations (C.1)-(C.2) sont satisfaites, on obtient le système d'équations permettant de construire une première approximation des incréments de multiplicateurs plastiques :

$$\begin{bmatrix} -\boldsymbol{\eta}_{F_t}^{tr} : \boldsymbol{D}^{n+1} : \boldsymbol{\eta}_{F_t}^{tr} + \gamma_t h_t\left(k_t^{tr}\right) & -\boldsymbol{\eta}_{F_t}^{tr} : \boldsymbol{D}^{n+1} : \boldsymbol{\eta}_{G_c}^{tr} \\ -\boldsymbol{\eta}_{F_c}^{tr} : \boldsymbol{D}^{n+1} : \boldsymbol{\eta}_{F_t}^{tr} & -\boldsymbol{\eta}_{F_c}^{tr} : \boldsymbol{D}^{n+1} : \boldsymbol{\eta}_{G_c}^{tr} + \gamma_c h_c\left(k_c^{tr}\right) \end{bmatrix} \begin{pmatrix} \Delta\lambda_t^{n+1} \\ \Delta\lambda_c^{n+1} \end{pmatrix} = \begin{pmatrix} F_t\left(\tilde{\boldsymbol{\sigma}}_{tc}^{tr}, k_t^{n+1}, T^{n+1}\right) \\ F_c\left(\tilde{\boldsymbol{\sigma}}_{tc}^{tr}, k_c^{n+1}, T^{n+1}\right) \end{pmatrix} \tag{C.6}$$

avec pour $i = t, c$:

$$\boldsymbol{\eta}_{F_i}^{tr} = \left.\frac{\partial F_i}{\partial \boldsymbol{\sigma}}\right|_{\tilde{\boldsymbol{\sigma}}_{tc}^{tr}} \tag{C.7}$$

$$\boldsymbol{\eta}_{G_c}^{tr} = \left.\frac{\partial F_c}{\partial \boldsymbol{\sigma}}\right|_{\tilde{\boldsymbol{\sigma}}_{tc}^{tr}} \tag{C.8}$$

$$h_i\left(k_i^{tr}\right)=\left.\frac{\partial\tilde{\tau}_i}{\partial k_i}\right|_{k_i^{tr}} \tag{C.9}$$

La résolution du système (C.6) permet de calculer les incréments des multiplicateurs plastiques $\left(\Delta\lambda_t^{n+1},\Delta\lambda_c^{n+1}\right)$ qui permettent de calculer le nouvel état de contrainte $\tilde{\boldsymbol{\sigma}}^{n+1}$ selon la relation (II.107) ainsi que le paramètre d'écrouissage :

$$k_i^{n+1}=k_i^n+\gamma_i\Delta\lambda_i^{n+1} \tag{C.10}$$

L'état de contrainte ainsi obtenu n'étant pas plastiquement admissible, il convient alors de corriger de nouveau les inconnues du problème $\left(\tilde{\boldsymbol{\sigma}}^{n+1},\Delta\lambda_t^{n+1},\Delta\lambda_c^{n+1}\right)$. Un schéma itératif est alors construit en procédant à la résolution du système suivant à chaque itération k du pas de temps $n+1$

$$\boldsymbol{\Lambda}_{k+1}^{n+1}=\boldsymbol{\Lambda}_k^{n+1}-\left(\boldsymbol{J}_k^{n+1}\right)^{-1}\boldsymbol{F}_{n+1}\left(\boldsymbol{\Lambda}_k^{n+1}\right) \tag{C.11}$$

avec

$$\boldsymbol{\Lambda}_k^{n+1}=\begin{pmatrix}\Delta\lambda_{t,k}^{n+1}\\ \Delta\lambda_{c,k}^{n+1}\end{pmatrix} \tag{C.12}$$

$$\boldsymbol{F}_{n+1}=\left(F_t,F_c\right)^T \tag{C.13}$$

$$\boldsymbol{J}_k^{n+1}=\begin{bmatrix}-\boldsymbol{\eta}_{F_t,k}^{n+1}:\boldsymbol{D}^{n+1}:\boldsymbol{\eta}_{F_t,k}^{n+1}+\gamma_t h_t\left(k_{t,k}^{tr}\right) & -\boldsymbol{\eta}_{F_t}^{tr}:\boldsymbol{D}^{n+1}:\boldsymbol{\eta}_{G_c,k}^{n+1}\\ -\boldsymbol{\eta}_{F_c,k}^{n+1}:\boldsymbol{D}^{n+1}:\boldsymbol{\eta}_{F_t,k}^{n+1} & -\boldsymbol{\eta}_{F_c,k}^{n+1}:\boldsymbol{D}^{n+1}:\boldsymbol{\eta}_{G_c,k}^{n+1}+\gamma_c h_c\left(k_{c,k}^{tr}\right)\end{bmatrix} \tag{C.14}$$

jusqu'à ce que l'état de contrainte soit plastiquement admissible. Dans le cas où cette méthode (dite de Newton modifiée) diverge, on utilise alors la méthode de Broyden (sécante). Dans ce cas, le jacobien est actualisé à l'aide de la relation :

$$\left(\boldsymbol{J}_k^{n+1}\right)^{-1}=\left(\boldsymbol{J}_{k-1}^{n+1}\right)^{-1}+\frac{\delta\boldsymbol{\Lambda}_{k-1}^{n+1}-\left(\boldsymbol{J}_{k-1}^{n+1}\right)^{-1}\delta\boldsymbol{F}_{k-1}^{n+1}}{\left(\delta\boldsymbol{\Lambda}_{k-1}^{n+1}\right)^T\left(\boldsymbol{J}_{k-1}^{n+1}\right)^{-1}\delta\boldsymbol{F}_{k-1}^{n+1}}\left(\delta\boldsymbol{\Lambda}_{k-1}^{n+1}\right)^T\left(\boldsymbol{J}_{k-1}^{n+1}\right)^{-1} \tag{C.15}$$

avec

$$\begin{aligned}\delta\boldsymbol{\Lambda}_{k-1}^{n+1}&=\Delta\lambda_k^{n+1}-\Delta\lambda_{k-1}^{n+1}\\ \delta\boldsymbol{F}_{k-1}^{n+1}&=\boldsymbol{F}\left(\Delta\lambda_k^{n+1}\right)-\boldsymbol{F}\left(\Delta\lambda_{k-1}^{n+1}\right)\end{aligned} \tag{C.16}$$

En résumé, on présente ci-dessous l'algorithme qui va nous permettre de calculer la contrainte $\tilde{\boldsymbol{\sigma}}^{n+1}$ donnée par l'équation (II.107) dans le cas où l'on a un critère de traction et un critère de compression activé.

Algorithme de la partie mécanique

1. Initialisation des itérations internes: $k=0$, méthode «Newton-Raphson »
2. Initialisation des multiplicateurs plastiques $\begin{pmatrix} \Delta\lambda_t^{n+1} \\ \Delta\lambda_c^{n+1} \end{pmatrix}_{(0)} = \mathbf{0}$
3. Estimation du jacobien initial au voisinage du prédicteur élastique $\boldsymbol{J}_{(0)}$

$$\boldsymbol{J}_{(0)} = \begin{bmatrix} -\boldsymbol{\eta}_{F_t}^{tr} : \boldsymbol{D}^{n+1} : \boldsymbol{\eta}_{F_t}^{tr} + \gamma_t h_t\left(k_t^{tr}\right) & -\boldsymbol{\eta}_{F_t}^{tr} : \boldsymbol{D}^{n+1} : \boldsymbol{\eta}_{G_c}^{tr} \\ -\boldsymbol{\eta}_{F_c}^{tr} : \boldsymbol{D}^{n+1} : \boldsymbol{\eta}_{F_t}^{tr} & -\boldsymbol{\eta}_{F_c}^{tr} : \boldsymbol{D}^{n+1} : \boldsymbol{\eta}_{G_c}^{tr} + \gamma_c h_c\left(k_c^{tr}\right) \end{bmatrix}$$

4. Mise à jour des multiplicateurs plastiques

$$\boldsymbol{\Lambda}_{k+1}^{n+1} = \boldsymbol{\Lambda}_k^{n+1} - \left(\boldsymbol{J}_k^{n+1}\right)^{-1} \boldsymbol{F}_{n+1}\left(\boldsymbol{\Lambda}_k^{n+1}\right)$$

5. Test de signe des multiplicateurs plastiques

- Si $\boldsymbol{\Lambda}_{k+1}^{n+1} \geq \mathbf{0}$, allez à (6)
- Si $\left(\Delta\lambda_{t,k+1}^{n+1}\right) \leq 0$ et $\left(\Delta\lambda_{c,k+1}^{n+1}\right) \geq 0$, seul le critère de plasticité en compression est actif
- Si $\left(\Delta\lambda_{c,k+1}^{n+1}\right) \leq 0$ et $\left(\Delta\lambda_{t,k+1}^{n+1}\right) \geq 0$, seul le critère de plasticité en traction est actif
- Si $\boldsymbol{\Lambda}_{k+1}^{n+1} \leq \mathbf{0}$ et méthode Newton, basculement à la méthode de la sécante, allez à (1)
- Si $\boldsymbol{\Lambda}_{k+1}^{n+1} \leq \mathbf{0}$ et méthode de la sécante, sortir avec un message d'erreur

6. Mise à jour des variables d'écrouissage

$$k_{x,k+1}^{n+1} = k_{x,k}^{n} + \gamma_x \Delta\lambda_{x,k+1}^{n+1}$$

7. Estimation de $\Psi_{c,k+1}^{n+1}$ et $\Psi_{t,k+1}^{n+1}$

$$\Psi_{c,k+1}^{n+1} = \left\{\beta\tilde{\tau}_c\left(\kappa_c^{n+1}, T^{n+1}\right) - \alpha_f\left[\boldsymbol{\pi}_c^T \tilde{\boldsymbol{\sigma}}_{tc}^{tr} - \left(D_{11} + 2D_{12}\right)\left(\Delta\lambda_t^{n+1} + 3\alpha_g \Delta\lambda_c^{n+1}\right)\right]\right\}_{k+1}$$

$$\Psi_{t,k+1}^{n+1} = \left\{\tilde{\tau}_t\left(\kappa_t^{n+1}, T^{n+1}\right) - \frac{1}{2}\boldsymbol{\pi}_t^T \tilde{\boldsymbol{\sigma}}_{tc}^{tr} - \frac{D_{11} + D_{12}}{2}\Delta\lambda_t^{n+1} - \alpha_g\left(D_{11} + 2D_{12}\right)\Delta\lambda_c^{n+1}\right.$$
$$\left. - \frac{1}{6}\left(\frac{3\left(D_{11} - D_{12}\right)\Delta\lambda_c^{n+1}}{2\Psi_c^{n+1} + 3\left(D_{11} - D_{12}\right)\Delta\lambda_c^{n+1}}\right)\left(\boldsymbol{Z}\tilde{\boldsymbol{\sigma}}_{tc}^{tr} - \left(D_{11} - D_{12}\right)\Delta\lambda_t^{n+1}\right)\right\}_{k+1}$$

8. Calcul de la matrice $\boldsymbol{A}_{k+1}^{n+1}$

$$\boldsymbol{A}_{k+1}^{n+1} = \left\{\boldsymbol{I} + \frac{\Delta\lambda_t^{n+1}}{2\Psi_t^{n+1}}\boldsymbol{D}^{n+1}\boldsymbol{P}_t + \frac{\Delta\lambda_c^{n+1}}{2\Psi_c^{n+1}}\boldsymbol{D}^{n+1}\boldsymbol{P}_c\right\}_{k+1}$$

9. Mise à jour de la contrainte effective

$$\tilde{\boldsymbol{\sigma}}_{k+1}^{n+1} = \left\{ \left(\boldsymbol{A}^{n+1} \right)^{-1} \left(\tilde{\boldsymbol{\sigma}}_{tc}^{tr} - \frac{\Delta\lambda_t^{n+1}}{2} \boldsymbol{D}^{n+1} \boldsymbol{\pi}_t - \alpha_g \Delta\lambda_c^{n+1} \boldsymbol{D}^{n+1} \boldsymbol{\pi}_c \right) \right\}_{k+1}$$

10. Evaluation du critère de convergence

$$\left| F_x^{n+1} \left(\tilde{\sigma}_{k+1}^{n+1}, k_{x,k+1}^{n+1} \right) \right| \leq \textit{Tolérance?}$$

- Oui : les critères sont vérifiés ⟹ allez à **(13)**
- non : allez à **(11)**

11. Calcul de la nouvelle valeur du jacobien

- Méthode de la tangente

$$\boldsymbol{J}_k^{n+1} = \begin{bmatrix} -\boldsymbol{\eta}_{F_t,k}^{n+1} : \boldsymbol{D}^{n+1} : \boldsymbol{\eta}_{F_t,k}^{n+1} + \gamma_t h_t \left(k_{t,k}^{tr} \right) & -\boldsymbol{\eta}_{F_t}^{tr} : \boldsymbol{D}^{n+1} : \boldsymbol{\eta}_{G_c,k}^{n+1} \\ -\boldsymbol{\eta}_{F_c,k}^{n+1} : \boldsymbol{D}^{n+1} : \boldsymbol{\eta}_{F_t,k}^{n+1} & -\boldsymbol{\eta}_{F_c,k}^{n+1} : \boldsymbol{D}^{n+1} : \boldsymbol{\eta}_{G_c,k}^{n+1} + \gamma_c h_c \left(k_{c,k}^{tr} \right) \end{bmatrix}$$

- Méthode de la sécante

$$\left(\boldsymbol{J}_k^{n+1} \right)^{-1} = \left(\boldsymbol{J}_{k-1}^{n+1} \right)^{-1} + \frac{\delta \boldsymbol{\Lambda}_{k-1}^{n+1} - \left(\boldsymbol{J}_{k-1}^{n+1} \right)^{-1} \delta \boldsymbol{F}_{k-1}^{n+1}}{\left(\delta \boldsymbol{\Lambda}_{k-1}^{n+1} \right)^T \left(\boldsymbol{J}_{k-1}^{n+1} \right)^{-1} \delta \boldsymbol{F}_{k-1}^{n+1}} \left(\delta \boldsymbol{\Lambda}_{k-1}^{n+1} \right)^T \left(\boldsymbol{J}_{k-1}^{n+1} \right)^{-1}$$

12. Itération suivante $j = j + 1$, allez à **(4)**

13. processus d'itérations internes terminé

ANNEXE D EQUATIONS CONSTITUTIVES DU MODELE THC

Masse volumique de l'eau liquide

Comme approximation de la variation de la masse volumique de l'eau liquide en fonction de la température, on peut utiliser les résultats expérimentaux donnés par (Raznjevic, 1970), qui ont été corrélés par (Deseur, 1999) afin de donner la formule suivante (voir Figure D-1) :

$$\rho^l = 314,4 + 685,6\left[1 - \left(\frac{T - 273,15}{374,14}\right)^{\frac{1}{0,55}}\right]^{0,55} \tag{D.1}$$

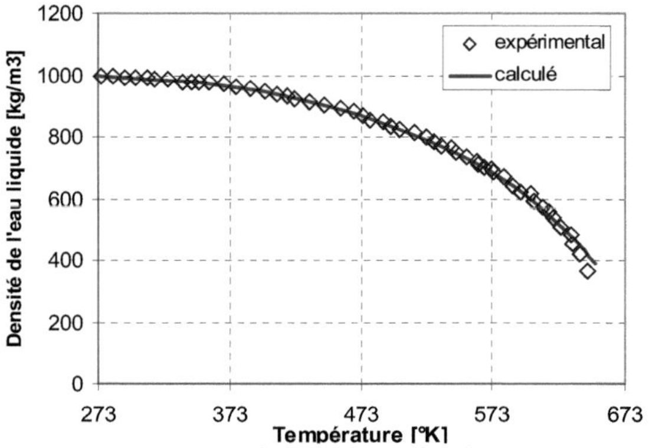

D-1. Masse volumique de l'eau liquide en fonction de la température

Conductivité thermique effective

La conductivité thermique effective est donnée en fonction du degré de saturation S^l, de la porosité ϕ et des masses volumiques de l'eau liquide ρ^l et du squelette solide ρ^s par l'équation suivante (Gawin et al., 1999):

$$\lambda = \lambda_d\left(1 + 4\frac{S^l\phi\rho^l}{(1-\phi)\rho^s}\right) \tag{D.2}$$

où λ_d est la conductivité thermique du matériau à l'état sec donnée par (Gawin et al.,1999) :

$$\lambda_d = \lambda_{d0}\left[1 - A_\lambda\left(T - T_0\right)\right] \tag{D.3}$$

où λ_{d0} est la conductivité thermique du matériau à l'état sec et à la température de référence.

Perméabilité intrinsèque :
D'après (Pesavento, 2000) et (Gawin, 2003) la perméabilité intrinsèque est donnée par la relation suivante:

$$K(T, p, D_M) = K_0 \cdot 10^{A_T \cdot (T-T_0)} \cdot \left(\frac{p^g}{p_0^g} \right)^{A_p} .10^{A_d . D_M} \tag{D.4}$$

où T_0 est la température ambiante, p_0^g est la pression atmosphérique, A_T, A_p sont des constantes du matériau qui dépendent du type du béton et qui décrivent l'effet de la fissuration sur la perméabilité due à l'augmentation de la pression et de la température et A_d est un paramètre associé à la variable d'endommagement D_M

Perméabilité relative des fluides
Quand l'humidité relative atteint des valeurs supérieures à 75%, une légère augmentation du flux de l'eau capillaire est observée (Bažant & Najjar, 1972). Ce type de comportement peut être décrit à travers la relation suivante :

$$k_{rl} = \left[1 + \left(\frac{1-RH}{0.25} \right)^{B_l} \right]^{-1} \cdot S^{A_l} \tag{D.5}$$

où A_l, B_l sont des constantes dont les valeurs sont dans l'intervalle <1,3>. Selon Gawin et al.(1999) cette équation a de bonnes propriétés numériques et elle permet d'éviter d'utiliser le concept de la saturation irréductible qui crée de sérieux problèmes numériques (Couture et al., 1996).
La perméabilité relative au gaz au sein du béton dépend elle aussi de la saturation. En se basant sur le modèle de Mualem (1976), Luckner propose alors l'expression suivante :

$$k_{rg}(S^l) = \sqrt{1-S^l}\left(1-S^{l1/A}\right)^{2A} \tag{D.6}$$

Viscosité des phases fluides

La viscosité de l'eau liquide μ_l [Pa s] dépend fortement de la température et peut être approchée par la formule suivante (Thomas & Sansom, 1995) :

$$\mu_l = 0,6612(T-229)^{-1,562} \tag{D.7}$$

Les valeurs correspondantes à cette formule sont comparées avec les résultats expérimentaux obtenus par (Incropera & de Witt, 1990) (Figure D-2).

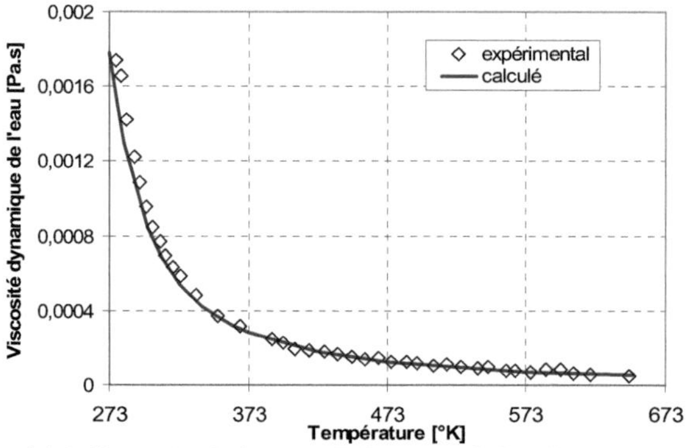

Figure D-2. Viscosité de l'eau selon la formule (D.7) comparée à celle obtenue expérimentalement

La viscosité de l'air humide μ_g [Pa s], fonction de la température et de la proportion entre les pressions de la vapeur et du gaz, peut être approchée, en utilisant les résultats expérimentaux de (Mason & Monchic, 1965), selon la formule suivante :

$$\mu_g = \mu_v + (\mu_a - \mu_v)\left(\frac{p^a}{p^g}\right)^{0,608} \tag{D.8}$$

avec p^a/p^g est la fraction molaire de l'air sec dans le gaz et μ_v est la viscosité dynamique de la vapeur d'eau :

$$\mu_v = \mu_{v0} + \alpha_v (T - T_0) \tag{D.9}$$

avec μ_{v0} = 8,85 × 10^{-6} [Pa s], α_v = 3,53 × 10^{-8} [Pa s K^{-1}]. En outre, la viscosité dynamique de l'air μ_a est donnée par :

$$\mu_a = \mu_{a0} + \alpha_a (T - T_0) + \beta_a (T - T_0)^2 \tag{D.10}$$

avec μ_{a0} = 17,17 × 10^{-6} [Pa s], α_a = 4,73 × 10^{-8} [Pa s K^{-1}], β_a = 2,22 × 10^{-11} [Pa s K^{-2}].
Dans la littérature, la viscosité dynamique du gaz est donnée en fonction de la température uniquement (Pezzani, 1988) :

$$\mu_g = 3,85 \times 10^{-8} T \tag{D.11}$$

Coefficient de diffusivité

Le coefficient de diffusivité D_{eff} peut être décrit à partir de la loi suivante, fonction de la température, de la saturation et de la pression de gaz [Perre, 1987, Schneider & Herbst, 1989) :

$$D_{eff}(T, S^l, p^g) = \phi (1 - S^l)^{B_v} \tau D_{v0} \left(\frac{T}{T_0}\right)^{A_v} \frac{p_0^g}{p^g} \tag{D.12}$$

avec $D_{v0} = 2.58 \times 10^{-5} \left[m^2 s^{-1} \right]$ est le coefficient de diffusion de la phase $\pi \left(\pi = a, v \right)$ dans le mélange gazeux à la température T_0 = 273,15 [K] et à la pression p_0^g = 101325 [Pa] (Forsyth & Simpson, 1991), B_v est une constante comprise entre 1 et 3 (Daian, 1989), A_v est une constante dont la valeur A_v = 1,667 donne une bonne corrélation avec les résultats expérimentaux concernant la diffusion de la vapeur à différentes températures (Mason & Monchik, 1965), τ est le facteur de tortuosité.

Pression de la vapeur saturante

Les résultats obtenus par Raznjevic (1970) qui relient la pression de la vapeur saturante à la température ont été corrélés afin de donner la relation suivante (Shekarchi et al., 2002):

$$p^{vs}\left(T\right) = \exp\left(6,4075 + \frac{16,82669\,T}{228,73733 + T}\right) \tag{D.13}$$

La pression de vapeur saturante donnée par l'équation (D.13) est valable jusqu'à la température critique égale à 647.15 [K]. Après cette dernière, il serait impossible de distinguer entre l'eau et la vapeur. Afin de calculer p^{vs} après la température critique, on peut avoir recours à la relation proposée par (Ju & Zhang, 1998):

$$p^{vs}\left(T\right) = p^{vs}(647.15)\left[L_0 + L_1 \frac{T}{647.15} + L_2 \left(\frac{T}{647.15}\right)^2\right] \tag{D.14}$$

avec L_0 = 15.8568, L_1 = -34.1706 and L_2 = 15.7437

MIX
Papier aus verantwortungsvollen Quellen
Paper from responsible sources
FSC® C105338

Printed by Books on Demand GmbH, Norderstedt / Germany